国家出版基金项目
NATIONAL PUBLICATION FOUNDATION

建筑前沿

国 家 出 版 基 金 资 助 项 目
中 国 城 市 建 设 技 术 文 库
丛书主编 鲍家声

U0358630

Urban Green Production and Ecological Land Conservation

城市绿色生产与生态节地

张玉坤 郑 婕 杨元传 著

华中科技大学出版社
http://press.hust.edu.cn
中国·武汉

图书在版编目（CIP）数据

城市绿色生产与生态节地 / 张玉坤，郑婕，杨元传著 . -- 武汉：华中科技大学出版社，2024. 7.
（中国城市建设技术文库）. -- ISBN 978-7-5772-1257-9

Ⅰ. TU984.2

中国国家版本馆 CIP 数据核字第 2024BA2580 号

城市绿色生产与生态节地 　　　　　　　　　　张玉坤　郑 婕　杨元传 著
CHENGSHI LÜSE SHENGCHAN YU SHENGTAI JIEDI

出版发行：华中科技大学出版社（中国·武汉）　　　　电话：（027）81321913
地　　址：武汉市东湖新技术开发区华工科技园　　　　邮编：430223

策划编辑：王　娜　　　　　　　　　　　　　　　　封面设计：王　娜
责任编辑：王　娜　　　　　　　　　　　　　　　　责任监印：朱　玢

印　　刷：武汉精一佳印刷有限公司
开　　本：710 mm×1000 mm　1/16
印　　张：15.5
字　　数：259千字
版　　次：2024年7月第1版 第1次印刷
定　　价：128.00 元

投稿邮箱：wangn@hustp.com
本书若有印装质量问题，请向出版社营销中心调换
全国免费服务热线：400-6679-118 竭诚为您服务
版权所有　侵权必究

作者简介

张玉坤　天津大学建筑学院教授、博士生导师，澳门城市大学博士生导师，法国社会科学高等研究院客座教授；曾任天津大学建筑学院副院长、党委书记，天津大学学术委员会委员。2016年获中国建筑学会"建筑设计奖·建筑教育奖"、中国民族建筑研究会"中国民居建筑大师"称号，享受国务院政府特殊津贴；一级注册建筑师。现任建筑文化遗产传承信息技术文化和旅游部重点实验室（天津大学）主任、"中国传统村落与建筑文化遗产保护传承协同创新中心"CTTI智库负责人；兼任国家文化公园建设工作专家咨询委员会成员、住房城乡建设部传统民居保护专家委员会副主任委员、中国建筑学会村镇建设分会副会长、中国民族建筑研究会民居建筑专业委员会副主任委员、《华中建筑》常务编委、《建筑与文化》《中外建筑》《中国建筑教育》《城市 环境 设计》等期刊编委。主要研究方向为聚落变迁与长城军事聚落、人居环境与生产性城市、设计形态学，承担国家自然科学基金项目、国家科技支撑计划、国家社会科学基金重大项目等科研项目13项；主编首部全面展示中国长城的专志《中国长城志：边镇·堡寨·关隘》，主编出版著作10余部，发表学术论文200余篇，获批专利10余项，完成遗产保护规划20余项。

郑　婕　中国建筑设计研究院有限公司国家住宅与居住环境工程技术研究中心博士后，高级工程师，天津大学建筑学院硕士生导师（独立），博士生导师（团队），澳门城市大学硕士生导师，天津、河北、黑龙江科技专家库专家。主要研究方向为城乡可持续发展理论与方法、生产性城市、城市更新、光伏与城市一体化等。主持国家自然科学基金项目1项，"十四五"国家重点研发计划项目子课题1项，天津市科技发展战略研究计划等省部级项目3项，深度参与国家及省部级相关研究课题10余项；出版专著1部，获批专利3项、软件著作权1项，参编标准多项，在《城市规划》、《城市发展研究》、《建筑学报》、*Journal of Resources and Ecology*、*Sustainable Cities and Society*等国内外期刊发表论文28篇、国际会议论文16篇。

杨元传　福州大学建筑与城乡规划学院校聘副研究员、硕士生导师，福建省引进人才。主要研究方向为绿色生产性建筑和城市设计、城市食物系统空间规划、完整生活街区、建成环境可持续改造。主持福建省自然科学基金项目1项，参与国家级、省部级相关研究课题10余项；获得专利6项，获国内设计竞赛奖10余项；在《城市规划》、《风景园林》、*Journal of Resources and Ecology*等期刊上发表论文10余篇。

前　言

我国耕地保护、粮食安全和能源转型形势严峻，如何挖掘城市建成环境的绿色生产潜力，探索一条粮食和可再生能源生产与城市建成环境相结合的生态节地新途径，是实现我国经济社会可持续发展的关键问题之一。本书以"生产性城市"理论为基础，将既有城市视作待开发的"棕地"，力图在城市用地"零增长"的愿景下，探讨城市建成环境全要素绿色生产与生态节地的理论、策略与方法。

本书共 5 章。第 1 章"绿色生产与生态节地基础理论"，明确了绿色生产与生态节地的内涵。第 2 章"绿色生产案例与设计探索"，从已有案例和设计探索两个方面，分别探讨了城市尺度、住区尺度、开放空间和建筑空间与资源的整合设计方式。第 3 章"空间适宜性评价与潜力分析方法"，包括空间信息获取方法、城市空间农业生产和光伏生产适宜性与潜力分析方法。第 4 章"生态节地效益测算与决策方法"，包括绿色生产的生态节地效益测算方法、决策方法和相应支持工具。第 5 章"绿色生产与生态节地的实证性模拟"，是对整套方法的应用，验证了城市屋顶与立面空间的绿色生产潜能与效益。

张玉坤教授 2020—2023 年主持国家自然科学基金项目"城市绿色生产与生态节地理论研究"（51978443）。本书系整个研究团队多年研究的成果。参与研究的团队成员，除了张玉坤、郑婕和杨元传之外，还包括天津大学建筑学院张睿副教授、北京交通大学张文副教授（负责图像信息采集与潜力分析方法部分的研究）、中国建筑东北设计研究院有限公司（深圳）陈思源（负责光伏潜力部分的研究）、北京清华同衡规划设计研究院有限公司吕雅婷（负责农业潜力部分的研究），以及天津大学建筑学院石礼贤（负责多目标优化决策支持部分的研究）、杨小迪（负责应用实证部分的研究）、龚清（负责第 3 章文字初步整理）等硕士、博士研究生。感谢团队多年的付出与支持。还要特别感谢丛书主编鲍家声教授，以深厚的学术造诣为本书的出版打下坚实的基础。衷心感谢华中科技大学出版社王娜编辑以辛勤工作和对细节的严谨把控，确保了本书的高质量呈现。此外还要感谢国家出版基金的资助。

目　录

1

绿色生产与生态节地基础理论

1.1　研究背景

我国人多地少，耕地资源匮乏。随着城镇化的不断推进，人地关系日趋紧张，土地供需、能源转型、粮食安全和气候变化等诸多现实问题严重制约着我国经济、社会的可持续发展。

1.1.1　危机与挑战

1. 土地供需矛盾突出

土地是重要的自然资源，也是其他资源生产和社会经济可持续发展的载体与保障。然而，改革开放至今，我国城市建设用地增长超 8 倍，人均耕地面积却由 0.155 公顷下降至 0.09 公顷[1]。未来人口规模的增长、人们对生活品质要求的提升，以及城镇化的推进，将进一步加剧城市土地供需矛盾。但全国可靠的耕地后备资源已告急，难以为继。

为此，2014 年国家颁布了《节约集约利用土地规定》，并于 2019 年进行了修正，2019 年第三次修正了《中华人民共和国土地管理法》，2021 年第三次修订《中华人民共和国土地管理法实施条例》，强制实行最严格的耕地保护和节约集约利用土地制度。节约集约用地成为建设用地的基本要求，以及国土空间规划的重要原则。

目前，以减少建设占地为出发点的耕地保护和土地集约利用的策略不断涌现，它们通过紧凑布局、"地下 - 地面 - 地上"高强度开发等方式，有效缓解了城市的用地压力。然而，这些节地方式大多仅满足了城镇化建设的空间需求，却难以从根本上补偿城市建设所占用的生产性土地。由此可见，在土地供需矛盾日益尖锐与现有节地策略局限性的双重压力下，我国亟须探索一种新型节地模式，以适应城镇化进程与城市的生态转型。

2. 能源转型形势严峻

能源是保障居民生活、推动城市发展不可或缺的因素，主要一次能源却纷纷告急。英国石油公司 BP 根据 2020 年的储产比估算，目前全球的不可再生能源储量仅可继续生产 50 余年[2]。BP 公司首席经济学家戴思攀表示，自 20 世纪 70 年代巨大的能源冲击以来，全球能源系统面临 50 年来最大的挑战和不确定性，加之局部战争导致的粮食和能源短缺，化石能源价格上涨已成必然趋势。2022 年国际油价大幅上涨，欧洲 TTF 天然气期货价格上涨了 4 倍，创历史纪录。煤炭价格也大幅上涨，欧洲煤炭平均价格为每吨 121 美元，亚洲平均价格为每吨 145 美元，为 2008 年以来的最高水平。价格的暴涨对严重依赖能源进出口的地区造成了经济和社会冲击。除了受战争影响的欧洲外，能源安全问题在中国和印度尤为明显，这两个国家目前 75% ～ 85% 的石油和 40% ～ 55% 的天然气都是进口的[3]。

与资源枯竭相对应的是需求膨胀。《BP 世界能源统计年鉴》2022 版指出，2021年全球石油消费增加了 530 万桶 / 日，而供应端仅增加了 140 万桶 / 日，供需极度不匹配。作为"世界工厂"的中国，电力能源供需不平衡引起的"限电潮"已在 2021年底席卷了多个省份[4]：多个工厂停工停产，社会正常的生产生活受到了极大冲击。能源供需问题已制约了可持续发展。

可再生能源应用是解决能源需求和环境问题的有效手段，符合全球能源转型的趋势。太阳能作为可再生能源，具有易获取、清洁无污染、不受地域限制等优势。但是我国目前能源规划工作依旧主要围绕火电、供热及燃气等传统能源供应类型展开，且与城市规划间存在明显的脱节。以电力供应为例，城市电力规划更多地表现为一种从属性工作，以"配电"形式伴随城市规划工作的不断修订而做出调整[5]。而光伏发电具有间歇性、低能量密度等特点，因此其规划模式与传统发电技术形式相比具有很大程度的不同[6]。未来可再生能源将作为主要的能源形式，亟待开展合理的可再生能源空间规划方法研究。

3. 粮食安全受到威胁

截至 2022 年底，我国常住人口城镇化率达到 65.22%，城镇人口达 9.2 亿人[1]。城镇化的高速推进与人口的增加导致资源与土地利用的压力快速增大。大量研究证实，城市化在高密度空间上向外扩张的过程极易侵占位于城市周边的农田[7, 8]，导致市域内的食物供给能力降低。参照国际数据，城市每扩张 1 m² 需要增加 10 m² 的农业用地为城市居民提供食物[9]。我国的耕地流失情况极为严重。不仅城市建设占用耕地，生态退耕、农业结构调整、自然灾害破坏、生物燃料种植及其他性质的用地需求（休闲娱乐、自然观赏和农村住房等）[10] 也会导致耕地面积减少。数据显示，截至 2022年末我国现有耕地面积为 19.14 亿亩，相较于 2009 年耕地总计减少了 1.168 亿亩。

紧张的耕地面积状况直接影响国家粮食安全，尤其在国际局势紧张的环境下。根据《2023年世界粮食安全和营养状况》报告，到2030年，中国粮食生产和需求缺口将达到1.37亿吨，占全球贸易量的46%。在后疫情时代，国际市场的不稳定将严重影响中国的政治、经济和社会稳定。根据《2023年世界粮食安全和营养状况》报告，2022年全球有24亿人处于中度或重度粮食不安全状况，约占全球人口的29.6%，其中约有9亿人处于重度粮食不安全状况，饥饿人口较2019年新冠疫情前增加了1.22亿人[11]。除了国际环境，也不能忽视我国粮食生产中天然存在的结构性矛盾，即我国只有全球9%的耕地，却拥有世界近1/5的人口，人均耕地面积仅为世界平均水平的44.4%[12]。如何建立既能满足人口基本需求，缓解土地供需矛盾，又能保障城市化进程、促进经济增长与提升综合国力的体系，成为亟待解决的问题。

4. 气候变化问题日趋严重

　　资源的过度透支与温室气体排放造成了严峻的生态问题。目前我国是全球生态超载极为严重的国家之一。据全球足迹网络数据，2022年我国的生态足迹已高达生态承载力的4.24倍（图1-1）[13]，而生态超载日也在不断提前[14]。数据分析显示，生态足迹的增长与城镇化率的提升具有相关性。伴随城镇化的推进，生态超载将严重影响国家生态安全和可持续发展。

图1-1　我国人均生态足迹与生态承载力（1962—2022年）

（数据来源：参考文献[13]）

能源与气候变化的关系无须多言，最新研究表明食物系统是全球温室气体排放的主要驱动因素之一[15, 16]，其温室气体排放量约占各行业总排放量的27%。在与食物有关的温室气体排放量中，82% 来自畜牧和渔业、农作物生产，以及土地利用，18% 来自供应链活动：食物加工、运输、包装和零售（图 1-2）[17, 18]。究其原因，一是食物的生产和消费环节在空间上的距离进一步扩大，导致食物里程增加，带来了额外的环境压力与经济成本[19]。研究表明，全球食物里程产生的碳排放量约为 3.0 GtCO$_2$e（十亿吨二氧化碳当量），约占食物系统总排放量的 19%[20]，远高于食物生产阶段的碳排放量。其中，蔬菜和水果的运输阶段碳排放量是其生产阶段的 2 倍以上。二是工业化生产方式碳排放量高。这与传统小尺度手工耕作模式中蔬果可以作为碳汇形成鲜明对比。研究表明，过度依赖工业的全球化食物系统的能耗、资源浪费量和环境污染程度是当地传统食物系统的 4 ～ 17 倍[21]。

目前我国的食物系统正处于尺度扩张阶段。2012 年北京食物足迹距离增大到 676.75 km，相较于 2008 年增长了 19.3%[22]；武汉的多数食物来自省外（尤其是果蔬类大多在 500 km 以外），本地化率仅 7.44%，市民日常食物里程为 901.8 km[23]。由于人地耦合关系从邻近区域扩展到了全球尺度，伴随而来的不仅是能耗增加、环境压力、运输损耗、长供应链等问题，还加大了城乡之间的功能差异[24]。

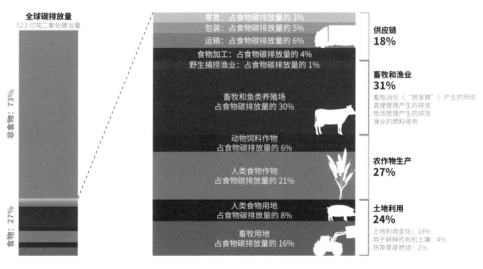

图 1-2　与食物有关的二氧化碳排放量的主要来源

（数据来源：改绘自参考文献［17］）

1.1.2 机遇与前景

1. "双碳"目标下的城市更新与新型城镇化

实现碳达峰、碳中和是中国向世界作出的庄严承诺,是一场广泛而深刻的经济社会变革;是党中央推动生态文明建设的重大战略决策;是"着力解决资源环境约束突出问题、实现中华民族永续发展的必然选择"[25]。而资源问题集中体现在建成环境之中。

建成环境是我国能源消费、农业消费和温室气体排放的主要来源,贡献了超出90%的直接碳排放量,也是能效提升、能源转型等各项政策实施的行动中心,更是实现"双碳"目标的行动中心。为此,国家在《中共中央 国务院关于完整准确全面贯彻新发展理念做好碳达峰碳中和工作的意见》中明确提出要从推进城乡建设和管理模式低碳转型、大力发展节能低碳建筑、加快优化建筑用能结构三个方面,提升城乡建设绿色低碳发展质量,构建有利于碳达峰、碳中和的国土空间开发保护新格局[25]。

我国城镇化进程迈入换挡提质的"下半程",高质量发展成为鲜明主题,城市更新成为城市建设优化发展的主要方式。在"双碳"目标下,探索可同时助力减排和增汇的城市更新模式,为解决我国城市的资源困境问题提供了机遇。

2. 城市与资源一体化前景巨大

(1)城市中闲置空间储量大

从 2013 年到 2021 年,我国城区建成面积从 4.79 万 km² 增长到 6.24 万 km²[26],年均增长量超过 1600 km²。其中存在大量未被充分利用的空间,包括地面闲置空间、建筑屋顶空间与立面空间。闲置土地包括未开发的城市建设用地、未维护的绿色公园、老化的基础设施(停车场、露天广场)和废弃的工业用地。这些闲置土地会给地方政府带来财政维护负担,同时也会给城市的经济、社会和环境带来住区衰退、环境污染、城市空间破碎化等不良后果,以及其他负面影响。建筑表面空间并不会给城市带来负面影响(在不考虑城市热岛等问题的前提下),反而会因为储量巨大而成为宝贵的空间资源。

（2）城市与太阳能光伏一体化

太阳能光伏技术的发展为城市的低碳可持续转型提供了契机，全球"碳中和"的号召更使城市与光伏的结合利用得到重视。Jurasz 对波兰一个中型城市的所有屋顶的光伏潜力进行测算，得出该城市可以安装高达 850 MWp 的屋顶光伏，与电能相关的碳排放量可减少近 30%[27]；美国"太阳能之星"项目测算了美国城市的屋顶光伏容量，结果表明，尽管美国对城市光伏的综合利用时间不长，但截至 2019 年已安装的超 77 GW 的太阳能光伏容量就已足够提供美国十分之一的家庭用电[28]。我国自然资源部国土卫星遥感应用中心遥感监测全国建筑物并评估分布式光伏的建设潜力，研究表明全国约有 1.4 万 km² 的屋顶可以布设分布式光伏[29]，潜力巨大。

（3）城市与食物系统一体化

就资源产量而言，研究表明一个典型地块只需要 23% 的草地就可以实现该地区蔬菜的自给自足[30]。浙江省农业科学院李伯钧得出我国至少有 4700 km² 未被利用的屋顶面积可用于进行农业种植的结论[31]。就生态效益而言，本地生产的资源可以就地消纳，降低了食物运输过程中的浪费与化石能源消耗[32]。在经济上，减少运输支出，有利于当地居民以更低的价格获取食物。在社会方面，可以提供更多的就业机会，社区中的生产活动也有利于社区意识的培育，增强居民的情感认同、归属感与凝聚力[33]。

3. 外部环境利好

曾经制约城市农业发展的因素是政策环境与社会偏见。目前，国际上已有多个国家和地区将城市农业作为城市发展战略（表 1-1），纽约、波士顿、西雅图等少数几个城市在分区及地方性法规中对城市农业提出明确要求[34]，德国的《联邦份地农园法》规定地方政府有义务为居民提供份地农园，以达到百分之十的份地配给率[35]等。部分城市将农业纳入城市规划，例如韩国首尔大都市区政府 2012 年颁布的《都市农业发展与促进法案》，对"城市内部公共设施屋顶农场"等 4 类都市农业类型进行空间规划。有些城市或地区颁布了有利于发展城市农业的政策，如 2012 年纽约城市规划部（DCP）发布的《纽约绿色城市分区条例》[36]，规定非住宅建筑屋顶温室不计入建筑面积和高度，这推动了屋顶温室的建设。在美国，各城市主要通过修订区划规范的方式确定社区农园的合法地位。常见的举措是将社区农园作为一种城市开放空间类型纳入区划规范[37]。例如，波士顿市在波士顿区划规范第33条重新定义了开放空间，以鼓励社区农园建设[38]。英国赫尔市和兰贝斯市在地方规划政策中建议在与其他政策或土地用途无冲突的情况下，优先支持开发临时性土地、废弃土地或建筑物、居住区附属开放空间或其他公共开放空间，建设社区农园[39]。

我国香港和台湾地区已经出现了专门针对城市农园的政策，如《香港2030+：跨越2030年的规划远景与策略》中由香港特别行政区政府规划署发布的香港康乐及社区农耕规划[40]，以及台北市的"田园城市"计划。其他地区还没有明确的政策规定，但一些地区的实践和科研项目已经在推动政策的出台。浙江省农业科学院从2004年开始屋顶农业研究，建设了多个示范项目，受到浙江省委省政府的重视。2013年浙江省政府办公厅发出《我省发展屋顶农业的备忘录》，对各地相关部门提出相应的要求，呼吁让浙江成为屋顶农业和绿化的先行区[34]。伴随着城市小微更新、住区花园及屋顶绿化建设发展，社区农园和屋顶儿童教育农场等已经逐步进入人们的生活，人们对城市农业的接受度逐渐提高。

表1-1 各国有关城市农业的规划和战略

国家	规划和战略的相关内容
德国	1919年制定《市民农园法》，由政府或农民将位于都市或近郊的农地出租给市民种植花草或作物，从健康理念出发，让住在狭窄公寓里的市民得到充足营养；1983年修订增加了住区发展概念；2002年联邦生态农业项目，为农业经营者和劳动者提供培训和信息服务；2003年建立《生态农业法》，确保作物种植安全
英国	2012年，伦敦"首都生长"计划建成2012个住区农田；"提升健康水平和促进可持续的作物生产"战略加强本地食物系统的短链联系，通过住区和经济的支持实现"高可达性的作物生长空间"，分配花园被纳入"我们更健康的国家"计划；2020年国家食物战略和农业法案都提供了应对气候和自然紧急情况的策略
美国	2007年纽约"PlaNYC 2030"项目中以减税优惠鼓励市民建设屋顶农场；2010年芝加哥地区战略规划"GO TO 2040"提出促进可持续的本地食物系统
日本	2015年4月颁布《都市农业振兴基本法》；2016年5月，日本依据《都市农业振兴基本法》颁布《都市农业振兴基本计划》；2017年2月日本批准《生产性绿地法》改革法案，同年5月制定《东京农业振兴计划》
法国	2015年，与160个国际城市共同签署了《米兰城市食品政策公约》；2017年，巴黎市政府制定了可持续食物战略，包括4个主题及其40项行动；巴黎在郊区设置"滞留区"保护农业文化遗产和原始农田系统
荷兰	推行优惠政策，扶持符合产业方向的城市农业发展；制定严格的市场准入制度和公平交易制度；执行欧盟可持续城市农业补贴政策，促进其可持续发展
新加坡	20世纪80年代中期，推行现代化集约的农业科技园计划；在此基础上，又大力兴建农业科技公园，致力于构建"花园城市"的城市农业体系

曾经制约分布式光伏发展的因素是经济与消纳问题。在经济方面，相关成本正稳步下降。2010年至2022年，我国光伏安装成本（含组件成本、汇流箱等系统成本和软成本）从27631.4元/kW下降至4813.95元/kW，下降了约83%，而平准化度电成本从2.23元/（kW·h）降至0.25元/（kW·h），下降了约89%[41]。而在消纳方面，目前出现光伏产能无法消纳现象的是农村户用光伏，但城市地区用能高，与此同时，光储直柔系统、电动车储放能及储能电池相关技术正逐渐成熟，通过有序组织可以有效避免该问题。至于政策环境方面，政策一直是推进光伏产业发展的最大驱动力。2022年国家提出不将新增可再生能源消费纳入能源消费总量控制；2022年3月住房城乡建设部发布《"十四五"建筑节能与绿色建筑发展规划》，提出积极推进光伏在城乡建筑和市政公用事业中的分布式、一体化应用。2022年4月1日起实施的《建筑节能与可再生能源利用通用规范》（GB 55015—2021），载有"新建建筑应安装太阳能系统"的强制性条文。

总之，由于障碍正被逐步克服、政策环境利好，以及社会认可度提升，城市农业与分布式光伏的前景是光明的。

1.1.3　应对策略

面对如上现实问题与机遇，亟须打破"把自然作为生产者，城市作为消费者"的思维定式——城市需要在"节流"基础上主动"开源"，承担起生产者的角色，才能从根本上解决城市的可持续发展问题。

本书将既有城市看作一块待开发的棕地，在城市用地数量"零增长"的前提下，研究农业、可再生能源等绿色生产性要素与城市空间系统整合的基础理论、设计案例与实施方法。研究表明，城市绿色生产与城市空间系统的整合可有效提升建成环境的生态生产功能，从而提高城市生态承载力与可持续发展能力，实现生态与节地双赢，成为转变我国城市发展方式的突破口。

1.2 绿色生产与生态节地概念界定

1.2.1 绿色生产

1. 绿色生产概念

绿色生产是以生态友好、可持续和资源高效利用为核心理念的生产方式。相较于传统生产方式，绿色生产不仅可以减少生产过程中的资源消耗，还能产生资源；不仅可以降低对环境的负面影响，还能产生正面效益，它强调生产、销售、消费与回收再利用全链条的"绿色化、本地化"，是实现城市可持续发展的必要手段。绿色生产涉及工业、能源、农业、水、废物资源回收等领域。本书重点研究与生态土地节约直接相关的城市可再生能源和农业资源。

在城市中主动开展绿色生产，可缩短资源生产与消费间的距离，将城市从"消费者"转变为"生产者"，为解决城市发展中的土地紧缺、资源矛盾与生态恶化等问题提供了具有创新性的综合方案。

2. 分布式光伏

城市建成环境分布式光伏系统是指利用城市建成环境表面铺设光伏组件进行发电，并以住区、地块或单体建筑为一个发电系统单元，通过与大电网相连以实现"自发自用、余电上网"（或直接上网）的能源系统。它隶属于"分布式发电"（distributed generation, DG）系统。分布式发电通常以邻近用电负荷的燃料电池、小型燃气轮机及各类可再生能源等发电技术，为用户提供冷、热、电等能源。

与集中式光伏发电相比，城市建成环境分布式光伏的优势在于：在空间关系上，发电站靠近用电负荷，从而省去了额外的电力输配环节的建设并相应减少了输电损失；可以实现脱离大电网的孤岛运行，在特殊时期（如非计划内断电、战争等）提供基础的电力保障；由于其仅占用如建筑屋顶、立面等建筑表面，在带来一定保温收益的同时也可节省土地资源。但其劣势也十分明显：城市中发电单元建设的分散性及产电并网的随机性，使得大电网对分布式发电的调节及调度变得更加困难；受城市建成环境中如阴影遮挡、热岛效应等不利因素的影响，其装机及产电的密度也相对更低；由于受建筑物可利用表面的制约，城市分布式光伏无法形成大规模装机，因此其系统的安装成本较集中式光伏更高。

需要说明的是，太阳能光伏系统包括与产能用能相关的所有过程和基础设施：上游硅料－组件／逆变器制作，下游应用环节的源－网－荷－储，以及组件回收处理等多个环节，本书重点讨论生产环节与产需关系，仅在效益分析时涉及全生命周期流程中的"应用"环节。新能源利用实际上涉及多种能源形式及其关联技术，如太阳能光伏光热一体化（photovoltaic/thermal，PV/T）、冷热电三联供技术（combined cooling，heating and power，CCHP）等，本书仅考虑太阳能光伏发电技术的应用。

3. 城市农业

"城市农业"的概念版本较多，本书中特指与建成环境相结合并融入城市系统的农业生产及相关活动，不包括城市周边县区及以下乡镇或远郊的农业。除了位置限定外，城市农业通常利用先前存在的城市物质能量流作为生产要素[42]，依托于城市其他产业、资金技术与人力资源投入，其产品是为城市提供其所需的物质、社会、经济和生态服务，其所处空间和利用方式等与城市化进程和空间规划密切相关[43]，即深度融入城市系统之中。

与传统农业相比，城市农业具有卓越的环境表现[44]，其优势主要表现在三个方面：第一，供应链效率。缩短从农场到餐桌的距离（食品里程），减轻生产和分销带来的总体环境负担。第二，城市共生。与城市的物质流和能量流互动，减少农场运营投入，吸收城市废物流（食物垃圾），降低建筑能源需求（保温隔热或减弱城市热岛效应）和提升本地环境效益（调节雨水径流）。第三，异地环境效益。减少农业用地占用，并对碳封存和城市边界以外的其他生态系统有好处。

需要说明的是，食物系统包括与喂养人口有关的所有过程和基础设施：食物及其相关物品的种植、收获、加工、包装、运输、营销、消费、分配和处置。本书重点讨论生产环节与产需关系，仅在效益分析时涉及全生命周期流程。

本书中城市农业的生产对象特指果蔬，原因如下：经济价值高，本地化生产可为其新鲜度提供竞争优势，而谷物和养殖类往往需要一定规模的土地才能在经济上可行；果蔬种植对生态系统服务与人类福祉的影响明显高于粮食种植[45]。研究表明，果蔬类食物的生态足迹最大[22]，人均浪费量最高（每人每餐约 27 g）；需求量应较现在有所增长，对全球 96 个国家和地区的膳食指南的统计结果显示，"蔬菜／水果"

关键词的频次排位最高[46]，而 EAT – 柳叶刀委员会强调，在全球果蔬等健康食物消费翻番而红肉等食物减半时，才有可能在 2050 年实现食物系统的可持续发展。研究聚焦于果蔬并不意味着它是城市中唯一的农业生产系统，如纽约等地的城市社区花园和屋顶菜园中常常包括水产（鱼菜共生）、养蜂和菌类等非作物食物。此外，城市地区作物还可纳入具有经济、环境或基础设施价值的非食物类项目，且人们对其商业化的兴趣日益浓厚，如花卉、原材料（如竹子）和生物燃料。

4. 城市绿色生产策略

城市绿色生产策略重点探讨整合绿色生产与城市建成环境的方式。就设计方式而言，在城市尺度上主要涉及城市光伏空间规划与食物系统规划，在微观尺度上则涉及具体建成环境要素与生产性要素结合的设计手法。

城市光伏空间规划是从空间规划的角度综合布局光伏能源系统的规划过程。它根据可再生能源载体分布时空模型建立，并通过规划调整、政策激励和资金支持等方法，进一步综合优化可再生能源利用策略[47]。它将与城市规划共同对城市的发展形成重要的限制与调控作用。它的要素包括：通过本地可再生能源（太阳能、风能、水力和生物质能）的高效利用，实现电力传输距离的缩短[48]；通过逐步淘汰化石能源和增加可再生能源利用，实现整体能源消耗与碳排放量的降低；通过合理的建筑功能混合配比，有效减少地块内部用电负荷峰谷差异，实现产需互补；通过调整城市空间形态等影响光伏产量与建筑能耗的设计要素，实现城市与光伏一体化设计。

食物系统规划是制定和实施食物系统与地方和区域的土地利用、经济发展、公共卫生、交通计划、环境保护和各种政策的协作规划过程，它的要素包括：保护现有农业并支持新的城乡农业；促进可持续农业和食物生产实践；支持涉及食物价值链和相关基础设施的建设；促进食物安全，并使人们随时都能公平地获得健康营养、文化适宜和可持续种植的食物；减少食物废物和包装，开发或管理相关的回收、再利用和循环处理系统。

在微观空间尺度上，整合建成环境要素与农业、光伏生产空间的设计方式，包括对现有空间的利用（种植容器的放置）、生产功能的叠加（太阳能路面）、置换（景观置换为生产性景观）、整合（光伏与建筑融合）与重组（光伏温室）等多种。本书在研究中将设计手法限定为露天农业、水培温室、光伏和基于绿色生产补偿策略的复合模型，以方便定量分析，测算绿色生产潜力与生态节地效益。具体来说，开放空间绿色生产策略包括露天种植、架空光伏、露天种植与光伏组合；屋顶绿色生产策略包括露天种植、屋顶光伏、屋顶温室、光伏温室；建筑立面绿色生产策略包括立面种植、立面光伏、光伏和农业结合的方式。

1.2.2　生态节地

1. 绿色生产的生态补偿机制

在我国，生态补偿通常被视为一种调节生态系统保护者、受益者和破坏者之间经济利益的公共制度[49]。生态补偿制度的建立，让我国生态保护进入了新阶段。经过多年努力，重点生态资产得到了有效保护，生态环境恶化得到了初步遏制，关键治理领域的生态系统得到了改善[50]。然而，本书所描述的"生态补偿"旨在通过使城市建成环境尽可能多地容纳绿色生产功能，来补偿城市功能所占用的生态土地资源。

传统的生态补偿策略主要集中在自然生态系统（森林、草原、湿地、流域等关键生态功能区），很少涉及城市地区。生态补偿主要是基于生态系统服务价值、保护成本和发展机会成本，通过财政及市场机制进行的经济补偿，而城市土地生态价值量化具有一定的复杂性，导致对城市生态系统的生态补偿重视不足。

不同于传统后置式的经济性补偿，本书提出的"城市生态补偿"是通过绿色生产来替代被占用土地的生态作用，它是一种促进城市可持续发展的"开源性"生态补偿。

绿色生产的生态补偿机制可以借助生态足迹理论进行分析。"城市生态足迹"将承载容量极限问题转变为生态生产用地需求问题，未涉及具体分布情况；"城市生态承载地"研究城市生态足迹的真实地域分布和空间结构，以进一步了解城市发展对具体区域乃至全球资源的依赖和影响[51]；"城市生态补偿"是对两者的继承和发展，试图通过设计手段与规划策略，优化资源供需关系和用地结构，从而将城市建成环境转变为绿色生产性空间，实现提高其自身生态承载力的目的（表1-2）。

表 1-2 城市的生态承载力、生态足迹、生态承载地、生态补偿

相关名词	研究内容	特点	图示
城市生态承载力	城市所承载人口规模及社会经济活动的最大容量	测度城市可持续性的方法；若只研究城市区域内生态承载力，与其开放耗散系统特性不符	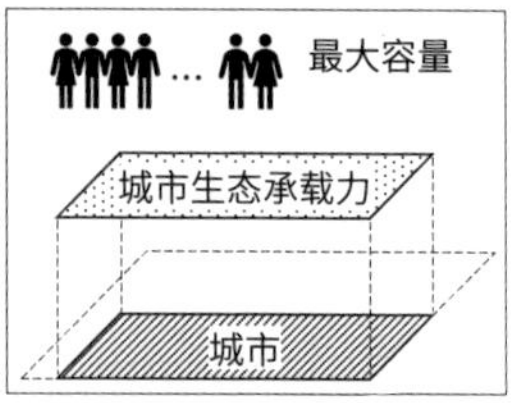
城市生态足迹	城市所需生态生产性用地总面积	量化城市生态生产用地的需求且不局限于城市内部；未考虑具体空间的分布情况	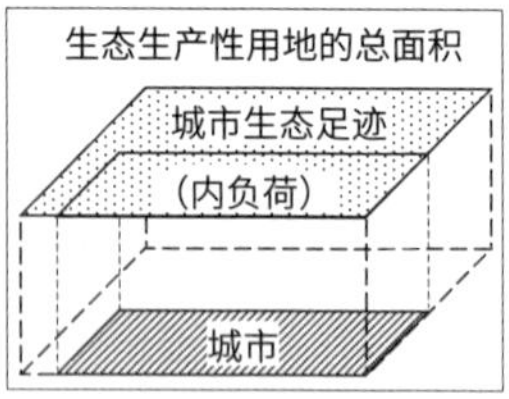
城市生态承载地	城市所需内外部生态承载用地格局（生态足迹分布）	延续和深化生态足迹与地理信息系统（GIS）结合；仅可基于城市负荷现状的结构优化	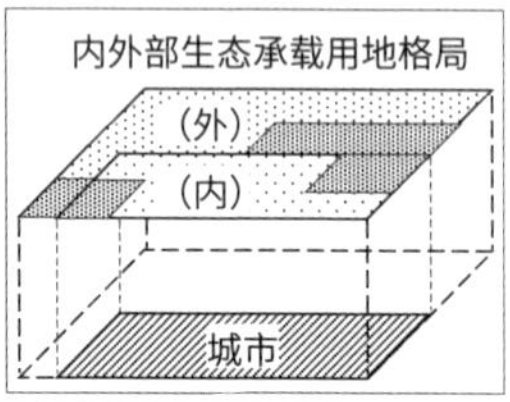
城市生态补偿	城市提高生态承载力的空间潜力	绿色生产性空间提高生态承载力的理论基础，为未来城市的生产性转型提供理论依据	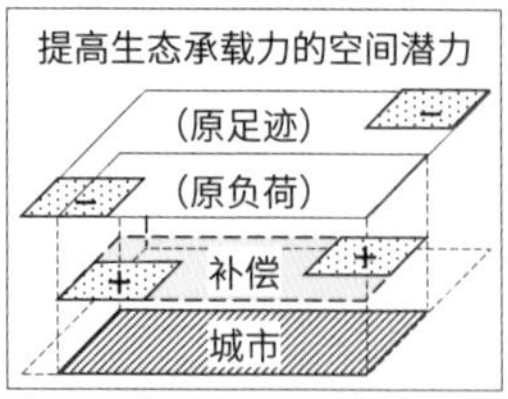

2. 基于绿色生产的生态节地

以往城市节地主要以减少建设占地为出发点，探索出诸多具有保护耕地和节约、集约利用土地效能的节地策略与方式。在此基础上，本书结合绿色生产和生态补偿理论，重新审视了城市建筑环境的空间利用效率，对生态节地的方式进行了延伸与拓展，提出基于绿色生产的生态节地概念。

事实上，城市虽然占据了原有的自然地表，使之失去了原本的生产或生态功能，但城市仍可通过绿色生产的方式重建生产性表面，以作为平衡和增值手段[52]。举例来说，城市屋顶一般占建成区面积的 21%～26%[53]，部分地区甚至高达 35%[54]。假设中国城市平均屋顶面积为 25%，2022 年中国城市建成区面积为 62 400 km²，则

约有 15 600 km² 的屋顶可用于光伏发电。如果其中 50% 为平屋顶，屋顶利用率为 64.1%～99.2%[31]，则至少有 5000 km² 的闲置屋顶可用于屋顶种植。这些被城市建设占用的闲置空间，因再次拥有了生态生产能力，而回归为生态生产性土地。还可通过衡量比较不同生产策略产生的生态节地效益，对不同绿色生产策略进行决策，从而实现综合效益最大化。总之，使城市建成环境容纳尽可能多的生产性功能，以替代必要性的土地占用，从而实现对城市占地的生产性生态补偿，达到生态节地的目的。

1.2.3　绿色生产的生态节地效益

绿色生产的生态节地效益，是包括绿色生产所带来的资源、环境、经济与社会多方面效益的综合效益。一方面，通过生态节地效益的计算能够有效地衡量生态节地对资源节约、生态环境改善和社会经济发展的贡献；另一方面，通过评估不同绿色生产策略所带来的生态节地效益，可为决策者提供科学依据，指导城市规划和土地利用的决策，促进城市可持续发展。因此，有必要对绿色生产所能产生的效益展开分析。

需要说明的是，资源系统不是孤立的。在人地关系视角下，城市资源系统本身就是社会经济和自然生态的系统耦合。它不仅与其他系统互相影响，而且直接影响土地利用和生态环境。将资源系统整合到城市规划与建筑设计中更能发挥其综合效益，而这个综合效益才是生态节地效益。

1. 资源效益

对于城市光伏，研究表明，平均而言城市可以通过全市屋顶太阳能光伏部署来满足约 30% 的年度电力需求。美国国家可再生能源实验室（NREL）的 Margolis 等对美国 128 个城市的屋顶光伏潜力进行了评估，预计全美范围屋顶可实现 1118 GWp 的光伏装机容量，年产电量达 1432 TW·h，约占全美电力消耗的 39%[55]。Jinqing Peng 和 John Byrne 计算了香港和首尔的城市光伏潜力，预计光伏发电量分别可占城市总电力消耗的 14.2%（香港）[56] 和 30%（首尔）[57]，Jaroslav Hofierka 等预测斯洛伐克东部某城镇屋顶光伏产电量可满足该区域 2/3 的城市用电需求[58]。Javier Ordóñez García 等计算出西班牙安达卢西亚地区的居住建筑屋顶光伏潜力将满足

78.89% 的城市能源需求[59]。Lucas Root 等对纽约东南 19 个县停车场的光伏潜力进行了评估,评估结果表明仅通过停车场光伏安装即可满足该区域 20% 的电力需求[60]。尽管各地研究结果有所不同,但都表明了城市光伏在提升能源自给率方面的潜力巨大。

对于城市农业,尽管它无法满足整个城市的所有食用需求,但在某些地区可显著提升粮食安全性。对新加坡可用住宅和商业屋顶的调查研究表明,通过发展城市农业,新加坡每年可收获约 184 000 t 新鲜蔬菜[61]。Peters 等研究发现,纽约城市农业有能力提供该州全年蔬菜总摄入量的 37.5%,还可以同时生产一些谷物[62]。Desjardins 等研究得出加拿大滑铁卢地区通过城市农业可以在满足当地营养指南的基础上再额外提供 10% ~ 50% 的蔬果产量[63]。针对刚果的布拉柴维尔等几个非洲城市的研究显示,其城市农业产量可以满足超过 80% 的叶菜需求[64]。而国内的研究也表明,中国上海和北京的蔬菜生产潜力可以完全满足城市需求。各地结果尽管有所不同,但都表明都市农业可有效改变城市食物过度依赖外部供给的现状。

此外,屋顶光伏温室通过生产清洁能源可提高温室系统的能源使用效率[65],有望获得可观的资源收益。例如,一项研究显示,如果台北市 30% 的建筑屋顶用于农业和能源生产,甘薯叶的年产量将达到该市甘薯叶供应量的 436%[66]。另一项研究表明,当屋顶光伏板覆盖率为 20% 时,深圳 105 km² 的屋顶年均生菜产量为 9.84×10^5 t,太阳能年发电量可以达到 1899 GW·h[67]。即当两种资源耦合时会产生额外的资源收益。

2. 环境效益

城市光伏的环境效益主要集中在替代化石能源、减少碳排放量方面。根据世界能源署 2023 年年度报告,2022 年光伏在减少电力二氧化碳排放量方面发挥了重要作用,减少了约 13.99 亿吨二氧化碳排放量。这相当于全球电力和热力部门总排放量的 10%[68]。2022 年的光伏发电量仅占世界电力需求的 6.2%,就已经发挥了如此巨大的碳减排效果,未来太阳能光伏必将成为应对气候变化、实现净零排放的关键。

城市农业的环境效益主要与碳排放量、废物回收、水资源利用及生态服务有关。在碳排放量方面,城市农业可以通过减少食物里程降低碳排放量和储存过程中的制冷能耗[69, 70],进而改善城市气候。在废物回收方面,城市农业是充分利用城市有机废物的一项有效措施[71-73]。此外，短的供应链可以减少食物浪费[74]。在水资源利用方面，城市农业可对雨水和废水进行回收利用，以此降低城市水资源消耗量[75, 76]。研究表明，雨水用于灌溉农作物，可减少 80% ～ 90% 的水消耗量[77]。与光伏板结合的露天农业可以回收大量的光伏板清洁用水[78]。值得关注的是，城市农业空间可以代替部分城市绿化，作为一种具有成本效益的小规模、分布式绿色基础设施发挥关键作用。它有助于增强城市绿色走廊的连通性，进而提高城市生物多样性及生态复原力[79, 80]，并通过减少雨水径流、修复土壤及缓解热岛效应等，为城市提供关键的环境服务。

3. 经济效益

截止到 2022 年底，我国的光伏产业（多晶硅、晶片、电池和组件）产值约占国内生产总值的 0.4%（自 2021 年以来增长 0.1%）[81]。目前城市分布式光伏尚未被大规模应用，其经济效益可参考农村户用光伏。农村户用光伏的效益主要体现在两个方面。一方面是对地区经济和产业发展的带动。据国家能源局统计，目前我国农村地区户用分布式光伏已带动有效投资超过 5000 亿元[82]。大量的地方实践不仅培养了超过 10 万家以户用项目总承包为主的中小型企业，还促使协鑫集团、隆基绿能、晶科能源等龙头企业迅速发展为全球新能源十强企业。另一方面是政府光伏补贴与多种售电渠道（隔墙售电、绿电/绿证/碳排放权交易）给村集体或村民带来了直接经济收益。一项针对中部地区 Y 县农户的追踪研究显示，2014—2019 年建光伏农户的人均收入增长幅度大于未建光伏农户，户用分布式光伏使农户人均收入提高25.4%[83]。总之，光伏应用可创造乘数效应，有效提升区域经济水平与相关收益，具有良好的经济发展前景。

城市农业的经济效益主要涉及成本节约和创收两个方面。在成本节约方面，由于省去了中间商环节，极大地减少了运输和储存成本[84]，生产者可以直接以零售价就地出售农产品，甚至生产者本身就是消费者，减轻了居民的购买负担。在创收方面，实施城市农业的地区周边的房产价值可以有不同程度的增长，城市农夫可以开发多种收入模式，如与餐馆和机构建立直接营销关系，启动儿童自然教育培训服务及城市内休闲农业等[85]。此外，规划本地食物系统有助于维持和增加本地农业和食物企业的经济机会。

4. 社会效益

城市分布式光伏的社会效益体现在创造就业岗位方面。光伏行业产业链条复杂，从上游高纯晶硅生产到终端运营，都需要大量工作人员。作为全球最大的生产国与安装市场，到2022年我国约有410万个就业岗位[81]，约占全球光伏行业就业人数（580万人）的70%。开拓新的安装市场，有助于维持就业。

发展城市农业的社会效益则体现在社会治理和全龄友好等方面。在城市纳入绿色生产，可激发公众参与生产劳作活动的意识，有助于培育居民可持续的生活理念，塑造可持续的生活方式。在城市农业的建设过程中可以融入多种活动，以农业活动链接住区活动，通过农业种植、采摘，食品烹饪、供餐和垃圾回收等活动将住区居民联系在一起[86]，通过推动多方主体共同参与建设、维护行动，来共享发展成果[87]。这种参与式的生产活动可以促进居民邻里之间的交流，有助于营造和谐稳定的社会氛围[88]。在这个过程中，可以融入亲子教育、自然教育、劳动教育、生产性养老等内容，对城市居民进行农业知识普及和健康饮食指导，使孩子们获得接受农业教育的机会。此外，城市农业生产活动具有技术要求低、劳动密集化的特点，可为城市日益增加的剩余劳动力及熟练掌握农业技术的进城务工农民提供不同的就业机会。

2

绿色生产案例与设计探索

2.1 绿色生产案例

2.1.1 城市尺度案例

1. UACDC 食物城 2030 愿景计划

阿肯色大学社区设计中心(UACDC)的"费耶特维尔 2030:食物之城愿景规划"[1]获2013—2016年11余项规划设计奖。该规划将食物相关空间作为一个生态市政设施,以绿色基础设施、公共种植景观,以及与食物加工、分销和消费有关的城市空间为特色。除种植策略外,规划中还整合了能源收集和废弃物管理策略,形成了融合生产性景观系统和城市主义的混合居住模式。该规划认为,由于自然生态系统、基础设施和城市模式梯度的相互关联性,小城市能够合理演化出实现复原力所需的当地食物安全环境,因此在创造低碳未来方面提供了全新的解决方案。

首先,食物之城愿景规划回答了为什么要在城市里重新定位食物生产的问题——缺少了食物系统中间环节。该规划认为,集中供应的市场是脆弱的。它们更容易受到天气、运输、疫情、食品安全和可负担性等不确定性因素的影响,造成供应中断。虽然工业化使得几乎所有农业过程都集中在城市之外,但出于经济发展、高价值食物、生态系统服务、健康生活方式这四个方面的考虑,将一些中小规模的农业重新整合到城市中。

其次,食物之城愿景规划根据规模、功能和环境约束条件,为城市地区量身定制了农业城市主义发展模式。该模式下城市由五大种植区域组成:生态农业和觅食景观、农业和园艺、种植街道、污染修复景观和废物转化能源区(图2-1)。

最后,食物之城愿景规划通过绿化带和连续生产性景观的方式,结合了农业与城市建设,有序组织一系列规模介于后院花园和工业化农场之间的城市农业区域,设想出四大场景,重建了城市的食物生产结构(图2-2)。城市农业穿过河岸走廊、洪泛区、肥沃土壤区、公用设施和现有的步道系统。鉴于食物的强大社会力量,拟

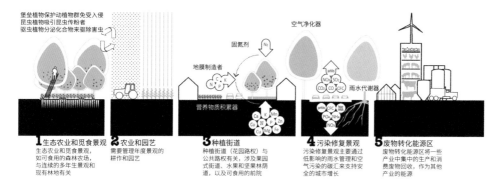

图 2-1　城市五大种植区域

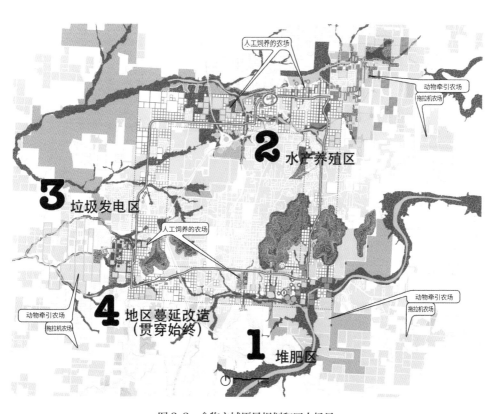

图 2-2　食物之城愿景规划和四大场景

议的 22 个农业城市主义产品构成了特殊"第三空间"[1]（图 2-3）。它既是发展更复杂场所的建设基石，也证明对消费者具有吸引力，并能够实现财务增值。

图 2-3　22 个农业城市主义产品

（图 2-1～图 2-3 图片来源：改绘自参考文献 [1]）

---

[1] 美国社会学家雷·奥尔登伯格（Ray Oldenburg）在《伟大的好地方》（*The Great Good Place*）中提出，第三空间（理发店、咖啡馆、住区花园等购物休息场所）区别于居住空间（第一空间）和工作场所（第二空间），是对公民非常重要的住区支柱，通过社会参与营造地方感。

2. 柏林太阳能城市总体规划

柏林有超过 560 000 座建筑物，未被利用的屋顶和房屋立面资源丰富。早在 2005 年，柏林政府就对城市建筑进行了大范围筛查，通过多维度指标（建筑质量、建筑类型、建筑形态等）对城市中的建筑进行划分，同时也统计了建筑的屋面和立面，在对这些数据归纳总结后，评估了柏林的城市整体光伏潜力，并绘制出光伏潜力地图（图 2-4）。2015 年，柏林能源署开展了"2050 气候中和可行性研究"，认为太阳能和热电联产尤其适用于城市建筑，并分析得出若要实现碳中和，柏林必须联合采取如下措施：建筑行业可再生能源占比需要超过 50%，建筑屋顶和立面的太阳能光伏安装比例分别至少达到 24.2% 和 4.4% 的要求，推动热电联产和集中供热[2]。

为了实现柏林 2045 年气候中和的目标，《柏林太阳能城市总体规划》成为 2019 年柏林参议院《2030 年柏林能源和气候保护计划》（BEK 2030）中一个特别重要的组成部分[3]。

柏林太阳能城市总体规划的创建过程被设计为一项参与性研究。2018 年 11 月至 2019 年 9 月，举行了 7 次专家小组研讨会。来自能源和太阳能行业、房地产行业和消费者保护协会的约 30 名专家为参议院政府提供支持[4]。德国柏林工程应用技术大学的 Quaschning 教授研究团队模拟了每座建筑物的太阳能发电量及其自身的能源消耗量，结果表明：目前柏林建筑屋顶可安装共计 10 GWp 容量的太阳能系统，其中多半位于住宅楼，尤其是公寓楼；商业建筑的适宜屋顶面积占总数的 35%，而只有大约 10% 的潜在空间在公共建筑上。此外，研究还得出，绿色屋顶、所有权结构、

图 2-4　柏林（局部）光伏潜力地图
（图片来源：参考文献 [5]）

古迹保护、经济评估标准和法律框架等对太阳能潜力具有一定的限制，因此太阳能城市总体规划必须解决所有类型的建筑及其所有权结构。总之，该团队认为必须尝试将这个城市的所有屋顶都用于安装太阳能系统，否则将无法实现气候目标。2019年9月《柏林太阳能城市总体规划的专家建议》被提交给参议院。

参议院于2020年3月10日通过了《柏林太阳能城市总体规划》（图2-5），第一个实施期于2024年结束，涉及如下内容。

① 明确目标与措施

柏林太阳能城市总体规划的目标是保证柏林25%的能源来自太阳能，这需要在柏林建筑（包括独户住宅、多户住宅、公寓楼、商业建筑和公共建筑）屋顶上安装容量约为4400 MWp的太阳能系统。为了实现这一目标，需要在联邦层面创建更好的框架条件，再实地采取创造性的方法并应用各种工具，为此柏林太阳能城市总体规划将这些方法分为9个行动领域，共27项具体措施[4]。

② 强制性法案

柏林太阳能城市总体规划中规定的一系列措施都追随《柏林太阳能法案》。德国众议院于2021年颁布了《柏林太阳能法案》，要求自2023年1月1日起德国柏林的所有新建筑、屋顶使用面积超过50 m²的改造项目都必须安装光伏系统，且光伏系统必须覆盖至少30%的屋顶面积（住宅建筑还有其他各项最低要求）。业主一旦违反这些部署要求，将支付最高可达5万欧元的罚款。

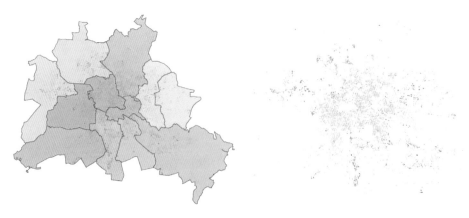

图2-5　柏林太阳能城市总体规划

（图片来源：参考文献 [6]）

③ 经济补贴

《柏林太阳能法案》得到柏林投资银行（Investitionsbank Berlin）的支持，以投资补助和贷款形式开展光伏部署资助项目。在联邦层面，2022年德国的年度税法(JStG 2022)将太阳能组件供应和安装的增值税降至零，包括运行和存储所需的组件（第12条第3款）。本条例适用于住宅建筑、公共建筑和用于公共利益活动的建筑物上的装置。如果系统的容量不超过30 kWp，则适用免税条件。自2023年1月1日起，零增值税税率已生效。

④ 专门机构

2020年8月1日，参议院经济、能源和公共企业部新成立太阳能城市总体规划协调办公室，管理总体规划的实施，同时该办公室是所有相关方的第一联系人。此外，为了更多地挖掘私营和公共部门的太阳能潜力，2019年5月成立柏林太阳能中心。该中心由国际太阳能协会德国分会和柏林勃兰登堡地区协会运营，并得到参议院经济、能源和公共企业部的支持，是太阳能城市总体规划的一个组成部分。

⑤ 监管机制

太阳能城市总体规划协调办公室定期对太阳能城市总体规划中措施的实施情况进行全面监测，自2021年以来，已发布了4份年度监测报告。

⑥ 能源地图（Energietlas Berlin）

柏林能源地图集是一个交互式在线工具，它提供有关能源生产和使用的核心数据，并以地图形式进行展示和定期更新[5]。地图提供如下服务：能源使用（包括建筑层面的电力、燃气和区域供热的能源消耗）；电动汽车充电设施；可再生能源发电（包括私人和公共建筑太阳能系统上网数据的位置和年度增长情况）；能源生产潜力（建筑物的太阳能潜力或地热潜力）[6]。房产所有者和能源供应商等可以使用地图中的"光伏潜力"图层，查看相关屋顶是否适合铺设太阳能光伏，以及具有多大的生产潜力[3]。因此，自2022年5月以来，该功能也已作为太阳能城市总体规划的内容与衡量标准之一（图2-6和图2-7）。

2023年，Arepo GmbH公司代表参议院经济、能源和公共企业部对太阳能城市总体规划进行了评估。结果表明，所有措施的目标几乎全部实现。在此基础上，太阳能城市总体规划将在2024年得到进一步发展[7]。截至2023年7月23日，已安装

图 2-6　某区域太阳能光伏安装潜力

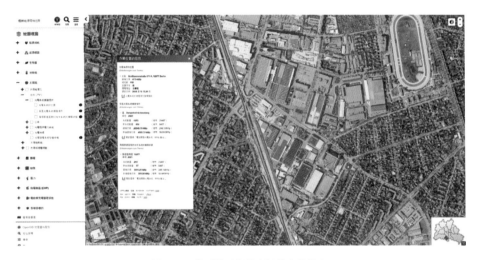

图 2-7　某区域已安装太阳能光伏信息

（图 2-6 和图 2-7 均为柏林能源地图集网站截屏，图片来源：参考文献 [6]）

完成 20 985 个系统，总装机容量约为 230 MWp（图 2-8）。需要说明的是，这些装机容量中，84.7% 位于私人拥有的建筑物（含公司和住房协会拥有的建筑物）上 [3]。这与总体规划研究报告中所作出的"没有私人部门的积极参与，柏林的太阳能转型根本无法成功" [8] 研究结果一致。

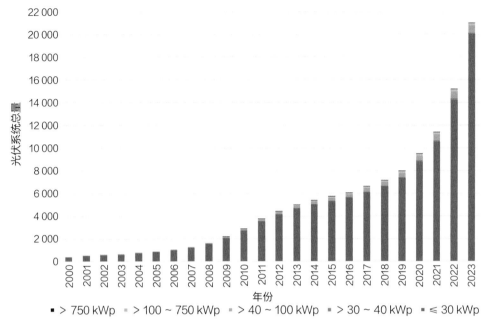

图 2-8 截至 2023 年 7 月 23 日柏林光伏系统的发展情况（不含离网系统）

（图片来源：参考文献 [7]）

3. 纽约市绿色生产潜力评估与规划

纽约市的绿色生产发展相对成熟，本书从城市农业可用地评估、屋顶光伏潜力评估、总体规划、其他法规、实施情况、未来规划几个方面加以说明。

城市农业可用地评估：2012 年美国哥伦比亚大学城市设计实验室（UDL）对全纽约市的开放空间、公共与私人空地、建筑屋顶、绿化街道、地面停车场等在内的具备食物生产可能性的场所进行了全面清查与评估。评估确定了近 5000 英亩[①]的闲置土地可能适合耕种，相当于中央公园面积的 6 倍[9]。此外还有许多潜在地点，包括超1000 英亩的纽约市住房管理局[②]所管辖的绿色空间、未充分利用的开放空间和绿街[③]，

---

① 1 英亩 ≈ 4046.86 平方米，后文不再一一标注。

② 纽约市住房管理局（New York City Housing Authority）的任务是提供安全且人们可负担得起的住房，并确保人们能够便利地获得社会和住区服务，以增加纽约中低收入者的机会。

③ 绿街是 1996 年纽约市公园（NYC Parks）与纽约市交通局（NYC DOT）联合推出的计划，旨在将未充分利用的道路区域转变为绿色空间，以美化住区环境，提升空气质量，降低空气温度，并促进交通流畅性。自成立以来，纽约市已建成 2500 多条绿街。

其中潜在未被充分利用的开放空间区域至少为 324 英亩[①]。纽约市大约有 100 万栋建筑，屋顶总面积约为 38 256 英亩。按照纽约市建议的屋顶农业建设标准[②]选择适合大规模屋顶农业的建筑，得到 5227 栋私人建筑 2703 英亩和 474 栋公共建筑 376 英亩，其中 1271 栋屋顶面积超过 0.5 英亩（图 2-9～图 2-12）[9]。

图 2-9　纽约市的空地和住区花园

图 2-10　纽约市的公共空地

图 2-11　纽约城市农业其他潜在点

图 2-12　纽约市潜在屋顶农业

（图 2-9～图 2-12，纽约城市农业潜力调查，图片来源：参考文献 [9]）

---

① 除公园外，潜在未被充分利用的开放空间区域包括十字路口内的三角形空间和其他欠发达区域。减去湿地后，这些类别的总面积为 324 英亩，这是对未充分利用开放空间的最低估计。
② 纽约市建议的屋顶农业建设标准：a. 位于制造业和商业区，此类建筑通常结构坚固，允许商业活动；b. 建于 1900—1970 年，当时建筑规范要求屋顶荷载更高；c. 占地面积超 10 000 ft² （约 929 m²），较小屋顶种植的经济可行性无法确定；d. 10 层或更低，超过此高度，气候条件、运输生长、材料设备更加困难；e. 不用于重工业或有害用途，否则可能会危及农民健康及食物安全。

屋顶光伏潜力评估：采用纽约市超过100万幢建筑的激光雷达3D模型数据，综合分析其屋顶大小、坡度、方位角和阴影等要素，判断其安装光伏组件的适用性与潜力大小，并与2013年爱迪生电力公司的68个电网数据进行对比分析。结果显示，在纽约市市政边界内，大约有8130万㎡适于建设太阳能光伏的屋顶空间，组件安装的技术潜力约10 GWp，足以覆盖约25%的城市年电力消耗。屋顶潜在太阳能发电量可与2013年的用电量相媲美，有几个行政区的屋顶太阳能技术潜力超过了其昼间时段消耗量。例如，曼哈顿区最大配电网级别昼间时段太阳能发电贡献为35%（华盛顿高地），布鲁克林区最大日照时的贡献为134%，史坦顿岛的为202%，皇后区的甚至为223%。这表明，纽约市某些地区具有安装太阳能光伏系统的物理和形态潜力（图2-13和图2-14）[10]。

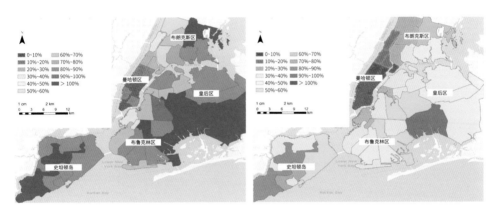

图2-13　纽约太阳能发电量占用电量的比例　图2-14　纽约太阳能年发电量占电网年用电量的比例
（图2-13和图2-14图片来源：参考文献[10]）

总体规划：2007年纽约"PlaNYC 2030"项目提出了纽约市太阳能财产税减免政策，鼓励业主安装太阳能光伏系统。2011年该项目审视了当时的法律条例，移除了城市农园建设发展中的不必要障碍，明确了城市公有土地上可能的都市农业项目或社区农园的地点，提出培育129个新社区农园和促进学校花园发展等发展要求；在城市光伏方面，计划增加超过60 MW的太阳能光伏发电量，同时创建一个在线太阳能地图，使纽约人能够确定他们屋顶上的发电潜力等要求[11]。2019年纽约"OneNYC 2050"项目将食物作为城市绿色新政的重要组成部分。2020年该项目又对纽约州家庭能源援助计划（home energy assistance program, HEAP）进行了改革。

其他法规：2019 年《气候动员法》为该市制定了"绿色新政"。第 92 号地方法（LL92）和第 94 号地方法（LL94）作为其中的内容，强制要求所有新建建筑或者所有需要翻新或更换屋顶的改造建筑都必须为"可持续的屋顶区"——太阳能光伏系统、绿色屋顶或两者的组合。具体要求取决于屋顶坡度、可建设面积和可能的太阳能容量①[12]。此外，2022 年纽约市的首席财务官兰德（Lander）利用美国《通胀削减法案》（2022，通过加大投资推动美国经济向净零排放的转型），提出了"纽约公共太阳能"（Public Solar NYC），以帮助纽约人获得负担得起的屋顶太阳能[13]。

实施情况：纽约市有超过 1000 个住区花园或农场。就光伏而言，根据纽约州能源研究与发展局（NYSERDA）的数据，截至 2022 年 3 月 31 日，自 2014 年以来，纽约市安装的光伏系统达到 302 MWp 的太阳能装机容量，建筑物太阳能装机容量增长了 10 倍以上[14]（图 2-15 和图 2-16）。

图 2-15　纽约市住区花园或农场的地图

（图片来源：https://www.nycgovparks.org/greenthumb/community-gardens）

图 2-16　纽约市光伏安装地图

（图片来源：https://www.nyc.gov/site/dcas/agencies/clean-energy-generation.page）

---

① 低坡度（< 2 : 12）屋顶：a. 若可建设面积小于 200 ft²（约 18.58 m²），如果 4 kW 容量可行，则需要太阳能光伏（如果不可行则需要绿色屋顶）；b. 若可建设面积大于或等于 200 ft²，建筑物所有者可以选择安装太阳能或绿色屋顶，或两者兼而有之；c. 对于 6 层以下的住宅建筑，面积门槛降至 100 ft²。高坡度（> 2 : 12）屋顶，如果 4 kW 容量可行，则需要太阳能光伏（如果不可行，则豁免）。

未来规划：在前文提到的激励城市农业与屋顶光伏发展的"PlaNYC 2030"项目的基础上，纽约市在 2023 年 4 月发布了新版本"PlaNYC：实现可持续发展"，提出推动可持续城市食物系统发展，到 2030 年将该市的食品碳排放量减少 33%。在光伏方面，作为到 2050 年达到 100% 清洁电力目标的一部分，纽约市设定了到 2030 年实现 1000 MW 太阳能发电（为 25 万户家庭供电）的目标，并提出了"协助公共建筑和私人房主安装太阳能光伏系统，将纽约市与清洁电力资源链接起来"的战略措施。具体包括到 2035 年，在所有可行的市属物业安装太阳能光伏系统、电力建筑基础设施、绿色屋顶或其他可再生能源系统；继续推行纽约市居民太阳能减税计划等（图 2-17）[15]。

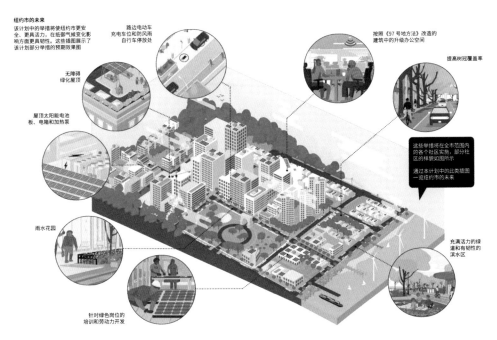

图 2-17 "PlaNYC：实现可持续发展"中的插图
（图片来源：参考文献[15]）

2.1.2 住区尺度设计案例

1. 雄安自给自足城市设计竞赛方案

Vicente Guallart 在中国雄安特色建筑设计竞赛中设计了一个"生态街区新样板"[16]。方案将 19 世纪以来欧洲城市街区（混合功能城市）的都市网格系统、20 世纪以来中国的现代街区（居住街区）模型，以及绿色生产性要素（生产性的日光温室等）融合在一起（图 2-18 和图 2-19）[17]，以达到自给自足的目的。

该方案共包含 4 个街区，考虑了包括住所、建筑、街区及城市在内的不同尺度的人居环境，涵盖了多功能公寓、办公室、游泳池、商店、美食广场、幼儿园等功能，使人们在家里办公、学习成为可能，从而实现了功能混合。

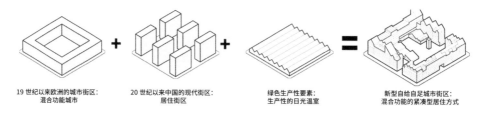

19 世纪以来欧洲的城市街区：　　20 世纪以来中国的现代街区：　　　绿色生产性要素：　　　　　新型自给自足城市街区：
混合功能城市　　　　　　　　　　居住街区　　　　　　　　　　　生产性的日光温室　　　　　混合功能的紧凑型居住方式

图 2-18　自给自足街区形态拆解

图 2-19　自给自足住区方案鸟瞰图

设计中探索了一种街区尺度下的物质循环代谢系统（图2-20），通过充分利用本地资源，就地取材，实现能源、食物和日用品的自给自足。在食物生产方面（图2-21），所有的建筑物都配备了相应的种植区，引入了城市农业的6种形式，加强了食物系统环节的紧密性，进而满足了街区的食物需求。例如充分利用温室（图2-22），实现本地居民食物的生产；加入可持续的有机农场，在住区居住建筑屋顶种植，进行

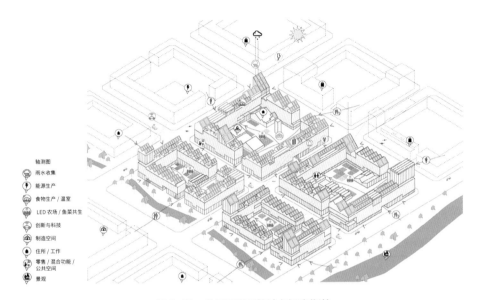

轴测图
雨水收集
能源生产
食物生产/温室
LED农场/鱼菜共生
创新与科技
制造空间
住所/工作
零售/混合功能/
公共空间
景观

图 2-20　住区尺度下的城市新陈代谢

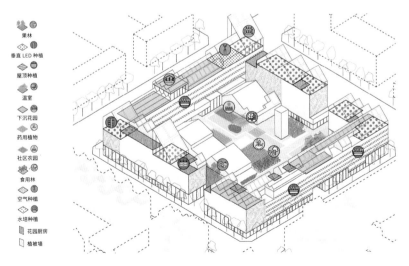

果林
垂直LED种植
屋顶种植
温室
下沉花园
药用植物
社区农园
食用林
空气种植
水培种植
花园厨房
植被墙

图 2-21　住区食物生产系统

图 2-22　生产性温室

（图 2-18～图 2-22 图片来源：参考文献[16]）

公司化运营，生产的食物直接配送给当地居民，或直接在建筑内部生鲜食品超市进行售卖等。

在能源生产方面，坡屋顶设计方便配置太阳能板，从而能够生产能源、储存能源、使用能源，结合区块链技术进行能源管理，整个街区运转所需的 90% 的能源都可以靠可再生能源生产来提供。在水资源循环方面，住区内部设计了绿地、水景、渗透性铺装等，使得雨水能够有效储存使用或补充地下水。在材料再利用方面，利用了大量的本地木材，材料几乎可以做到 100% 的循环回收利用。

总体来说，方案中的建筑物单体能够形成各自内部的循环代谢系统，以满足食物生产、能源生产、水资源循环及材料再利用的需求，进而在住区、街区乃至城市分层级逐步满足自给自足的需求[16, 17]。

2. 希腊 Park Rise 住宅

丹麦 BIG（Bjarke Ingels Group）建筑事务所设计的住宅楼 Park Rise 与其为联合国设计的漂浮城市（Oceanix City），虽设计对象尺度不同、使用的设计语言不同，但均采用了绿色生产与生态节地的设计策略。

希腊 Park Rise 住宅是欧洲城市再生项目 Ellinikon 规划的组成部分。该规划旨在将雅典旧机场区域转变为一个沿爱琴海排列的生活圈，同时使雅典都市圈的绿地面积增加一倍，为弹性城市设计和智能生活树立新的标准[18]。住宅采用 BIG 熟悉的阶梯式形式[19]。88 套公寓的每一户都成为带有花园的独立住宅，层层退台堆叠在一起，交错排列成两个弯曲的翼楼，缓缓上升至最高 50 m[20]（图 2-23）。

住宅在地面打开，露出共享花园，并延伸向广阔的大都会公园，为居民创造了一个相对私密的户外绿洲。绿洲设有带有薄膜光伏的廊架，集成了游乐场、宽敞的休息室和烧烤区等功能，在为居民提供遮阳、促进住区交流的同时，生产能源（图2-24）。

除了庭院中心的光伏廊架，建筑屋顶也覆盖光伏板；阶梯状的形体组织方式为每户提供了生态种植空间，也巧妙地增加了建筑与生态用地面积。

图 2-23　希腊 Park Rise 住宅鸟瞰

图 2-24　希腊 Park Rise 住宅庭院光伏廊架

（图 2-23 和图 2-24 图片来源：参考文献 [18]）

3. 漂浮城市

漂浮城市是世界上第一个可持续漂浮城市设计方案，同时也是联合国人类住区规划署（UN-Habitat）新城市发展议程的内容之一，由 BIG 建筑事务所与非营利组织 OCEANIX 及麻省理工学院海洋工程中心共同提出[21]。

每栋建筑都呈扇形向外延伸，不仅能够为建筑内部和公共区域提供遮阳空间，降低空调使用成本，还能使屋顶面积最大化，从而获取更多的太阳能。每 6 个建筑围合着一个公共农场构成一个模块化的住区，而每 6 个住区模块围绕着一个中央港口形成一个村落，由此可以拓展复制形成城市[22]（图2-25）。

就能源而言，住区综合采用了风力和水力涡轮机，以及太阳能电池板[20]。就农业而言，每个住区平台的核心地带都被用于公共农业，以促使居民充分融入共享式的文化和零浪费的生态系统（图2-26）。平台下方的海水中养殖着生物礁石、海藻、牡蛎、贻贝、扇贝和蛤蜊，能够清洁海水并加速生态系统的再生。

与 Park Rise 住宅在纵向空间上实现生态节地不同，漂浮城市是在原本无法用于建设的水面上进行横向空间的拓展，在不伤害海洋生态系统的前提下通过食物－能源－水和废物的循环利用，实现生态节地。

图 2-25　漂浮城市鸟瞰　　　　　　　　图 2-26　漂浮城市室外农业

（图 2-25 和图 2-26 图片来源：参考文献[21]）

2.1.3　开放空间设计案例

1.纽约可食学校

纽约可食学校是一个利用空地建立的教育中心，帮助儿童、家庭、教师和公众学习种植蔬菜、水果和药草，同时进行园艺、营养和环境保护的终身教育[23]（图2-27）。

校园内的可持续基础设施支持最高的资源效率（水和能源）和积极的雨水管理。其中，光伏亭是户外教育课程的聚集地，可容纳 54 人。屋顶安装 11 kW 光伏板[24]，产生的电力自用，从而减少整体电力消耗。园艺区为实践活动和户外教学提供了空间，帮助教育儿童和家庭学习种植蔬菜、水果和药草；草甸花园用于观察植物和动物之间的关系；透水路面通过渗透和滞留进行有效的雨水管理。教室建筑设有示范厨房、技术实验室和绿色屋顶。绿色屋顶减少了雨水径流，并作为屋顶的隔热材料[25]。该建筑获得了美国绿色建筑委员会的 LEED 金级认证。

图 2-27　纽约可食学校

（图片来源：参考文献 [23]）

2. 墨西哥 El Terreno 社区花园和教育中心

El Terreno 社区花园和教育中心项目位于墨西哥西部的一个居民区内。该项目在新冠疫情期间启动，是一个以自给自足为目标的改造项目。El Terreno 将教育、可持续性和设计结合起来，除了利用场地有利条件进行花卉、香草和蔬菜的种植外，同时使当地儿童更加近距离地接触和参与可持续生活的循环。

El Terreno 巧妙地利用了住区内多年无人居住、杂草丛生的闲置土地，建在一块约 850 m² 的斜坡上，一半是花园，另一半是凉亭。凉亭建在山坡上，逐渐向花园开敞。项目的建造材料 100% 可循环再生，均为场地回收材料；凉亭顶部利用了回收的混凝土浇筑模板，墙体采用铁弯曲形成的框架，框架内装场地上原有的石块。此外，在场地中还回收利用橡胶轮胎进行景观美化，以防止山体滑坡。通过独特的材料、模块和单元设计，为场地创造出多元化和多功能的空间，为住区居民特别是儿童提供教育、娱乐等活动场地[26]。

项目通过食物、能源和水资源的循环，打造出一个自给自足的微型循环系统。场地拥有一套完整的雨水管理系统，雨水被覆盖着植被的凉亭屋顶收集后，流经用作结构柱的管道，汇入积水池中，并从这里被水泵抽回花园用作灌溉用水。所用能源来自太阳能光伏板，而在堆肥厕所产生的废料则用作花园的天然肥料。项目通过教育活动收获食物，如芳香植物和蔬菜等，并将它们售卖给当地咖啡馆和商店，从而有了稳定的经济来源。该设计为充分利用闲置空间进行生产营造提供了成功的借鉴经验（图 2-28 ～图 2-31）[27]。

图 2-28　项目外观

图 2-29　凉亭与花园之间的关系

图 2-30　花园独有的植物与蔬菜

图 2-31　凉亭下方活动空间

（图 2-28 ～图 2-31 图片来源：参考文献 [27]）

3. 越南生态读书亭（VAC-Library）

越南生态读书亭是耕作事务所（Farming Architects）根据观察到的居民行为而开发的示范项目。在越南河内地区，居民由于对新鲜蔬菜的需求而纷纷进行自发栽培种植，并倾向于在家里添加鱼缸、小型池塘之类的设施。生态读书亭将这些元素组合起来以创建自我维持的生态系统。

根据耕作事务所的介绍，VAC 是越南语"Vườn-Ao-Chuồng"三个单词首字母的缩写，代表着综合生产系统的三个组成部分：园艺、水产养殖和畜牧业（图 2-32）。因此，VAC 系统意味着可以有效利用土地、空气、水和太阳能资源，可有效回收生产生活的副产品和废物[28]。

该设计的核心是一种复合耕作体系——鱼菜共生（aquaponics）。该体系通过整合传统的水产养殖和水培种植，打造出一个共生的环境系统，通过鱼塘的循环水来为水生植物提供养分，同时，水体也会被水生植物净化，并经由循环系统重新供应给鱼塘。该系统在设计时还特别考虑了能源的生产使用，屋顶透明的薄膜光伏板能够生产整个系统所需要的能源，储存的能源可以为其照明和水泵提供动力（图 2-33 和图 2-34）[29]。

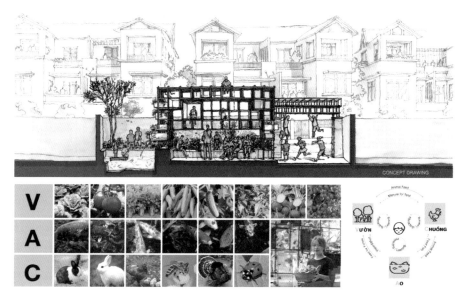

图 2-32　生态读书亭概念设计

图 2-33　鱼塘与木结构读书亭　　　　图 2-34　读书亭内部的孩子、菜与鸡

（图 2-32 ～图 2-34 图片来源：参考文献 [29]）

读书亭主体结构为木框架。这支持它成为一个功能高度复合的开放性空间——可以放置种植模块、安装光伏板、养殖家禽，还可以放置图书，并提供玩攀爬游戏、阅读书籍与观察学习的机会。读书亭的旁边是鱼塘，后方放置鸡笼，鸡粪可以作为种植肥料。在这里，孩子们不仅能够开展阅读、休闲等娱乐活动，还能近距离接触整个生态系统的循环。资源、生态、社会多重因素叠加，诠释了功能复合型生态节地的内涵 [28]。

2.1.4　建筑空间设计案例

1. 泰国国立法政大学绿色屋顶

泰国国立法政大学绿色屋顶位于曼谷，由 LANDPROCESS 设计，利用约 22 000 m² 的闲置屋顶空间，创造了一个集可持续粮食生产、能源再生、有机废物处理与水资源管理于一体的绿色公共活动空间 [30]（图 2-35 ～图 2-39）。

在能源方面，项目利用了泰国丰富的阳光资源，在建筑的南侧安装太阳能电池板。太阳能电池板总面积为 3565 m²，约占屋顶面积的 16%，每小时可生产约 500 000 W 电能。这些电能被用于屋顶农场灌溉及建筑内部的电力供应，在降低用电成本的同时减少了对传统化石燃料的需求。此外，太阳能系统的安装还提高了建筑的隔热性能，降低了建筑能源消耗。

在农业方面，绿色屋顶有 7000 m² 都市农业空间（约占屋顶面积的 32%），每年可生产约 135 000 t 稻米。通过屋顶农场和有机食堂的结合运营，形成了一个全面

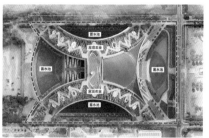

图 2-35　绿色屋顶外观

（图片来源：参考文献［30］）

图 2-36　功能分区

（图片来源：参考文献［32］）

图 2-37　屋顶粮食生产局部

图 2-38　屋顶农场作物收割场景

（图 2-37 和图 2-38 图片来源：参考文献［32］）

1×
径流速度

20×
径流速度

剩余径流流入蓄水池

图 2-39　绿色屋顶径流组织

（图片来源：参考文献［30］）

且可持续的商业模式。同时，剩余的食物将作为农场的有机肥料，减少了化学农药的使用。该流程形成了本地化的生产、加工、包装、运输和处理的食物供应链，减少了能源消耗和食品浪费。

此外，屋顶的形态设计模仿传统梯田，采用生态滞留措施过滤雨水，通过层叠的设计减缓了径流速度。这种水管理系统不仅能够控制雨水峰值流量和水量，还能有效地保留和利用径流来灌溉农田[31]。通过循环利用建筑周边 4 个蓄水池中的水，满足了大部分的农场粮食生产用水需求。太阳能泵将储存的水抽取到屋顶灌溉。此外，水稻和蔬菜的种植提升了土壤的肥沃度，减少了暴雨期间的水土流失[32]。

2. 浙江理工大学能量花园

"能量花园"由浙江理工大学艺术与设计学院的高宁老师设计，建造于该校 21 号楼屋顶上（图 2-40）。屋顶包含种植区、太阳能装置区和雨水收集净化区，以及食物处理区、堆肥区和活动区，各个功能区相互配合，使资源的生产、加工和回收等功能与屋顶空间融为一体[33]。能量花园收集屋顶雨水作为灌溉用水，以自来水作为灌溉备用水，实现了屋顶系统中部分水的自给自足。能量花园安装的太阳能光伏板主要用来满足屋顶系统的运行，多余的能源供所处建筑使用，第一年可发电约 5840 kW·h。从食物－能源－水系统角度来看，能量花园是国内具有代表性的融合食物、能源、水系统的实践案例，同时实现了三种物质能量循环，包括食物循环系统、水循环系统、能源循环系统[34]。在保证屋顶食物－能源－水系统自给自足运行的前提下，还能提供额外的资源和能源，因此，实现了建筑尺度的屋顶多系统协同发展。

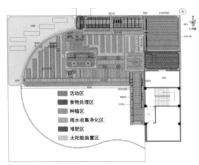

图 2-40 能量花园的"食物系统"和"能源系统"

（图片来源：参考文献 [33]）

此外，该花园不仅是农场活动的开展场所，还是教学活动的实践课堂。

3.新加坡生产性立面

新加坡城市面对能源和粮食资源匮乏的挑战，提出了生产性立面（PF）系统[35]的概念。该系统集成了光伏模块和农业种植槽，旨在提高建筑的能源和粮食生产自主性（图 2-41）。

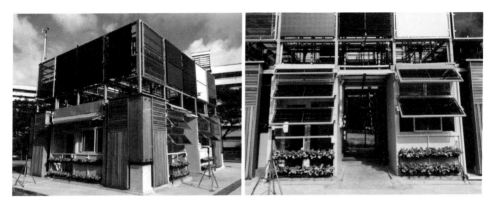

图 2-41　新加坡生产性立面实验室

（图片来源：参考文献［35］）

图 2-42 展示了两类 PF 系统：阳台立面和窗户立面。采用参数化建模工具评估建筑的光伏潜力、农业生产潜力、室内采光、太阳辐射遮挡和室内视野的五个标准函数。随后通过 VIKOR 优化方法，在五个标准函数之间进行折中来选择最佳的 PF设计模式。不同建筑的 PF 设计需要根据其所在环境和可用资源进行调整，重点关注东向和西向立面的防晒效果、光伏板的倾斜角度，以及蔬菜花盆的布置等参数[36]。

一项国际调查研究了生产性立面的社会接受度，调查对象包括建筑师、光伏专家和农民，内容涵盖了光伏组件、作物布局和可操作性等方面。结果显示，这种将作物种植与太阳能发电相结合的项目得到了广泛认可。相较于建筑师，具有园艺、农业和光伏幕墙经验的专业人士对这种一体化生产性幕墙的接受度更高，但对太阳能模块周围作物种植和灌溉流程仍存在担忧。

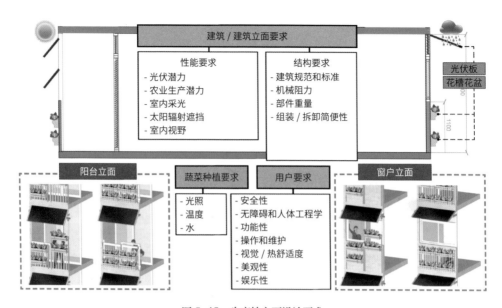

图 2-42　生产性立面设计要求

（图片来源：根据参考文献 [35] 翻译）

Within the figure:

建筑 / 建筑立面要求

性能要求
- 光伏潜力
- 农业生产潜力
- 室内采光
- 太阳辐射遮挡
- 室内视野

结构要求
- 建筑规范和标准
- 机械阻力
- 部件重量
- 组装 / 拆卸简便性

光伏板
花槽花盆

阳台立面

蔬菜种植要求
- 光照
- 温度
- 水

用户要求
- 安全性
- 无障碍和人体工程学
- 功能性
- 操作和维护
- 视觉 / 热舒适度
- 美观性
- 娱乐性

窗户立面

2.2 绿色生产设计探索

2.2.1 城市尺度设计探索

1. 梯田森林城市生态再造

"第二自然：梯田森林城市生态再造"设计方案将绿色生产与生态节地有机整合，获得了"绿色天际线·森林城市地标建筑国际设计竞赛"学生组一等奖（图2-43～图2-51）。项目位于马来西亚与新加坡交界处的人工海岛，其物资和能源无法自给自足，目前必须完全依赖进口贸易。地属赤道气候，可利用常年高温潮湿、雨量充沛、适宜果蔬和作物生产等有利条件，构建全新的城市绿色生产系统。同时，海岛也面临温室效应加剧、建筑能耗巨大、全球气候恶化、海平面持续上升等困扰可持续发展的问题。

方案的空间形态受20世纪80年代荷兰未来城市模型启发，外部空间汲取中国传统四合院、靠山窑洞和梯田种植的综合优势，内部空间吸取连续拱券、飞扶壁和手巾寮式传统住宅天井的结构功能。在空间上形成一种安全内向、尺度亲切、绿色安静的宜居环境和一个立体复合、流动通畅、便捷灵活的城市空间。

该方案包含了城市绿色生产与生态节地的相关策略与特征[37]，具体如下。

● 森林覆盖的第二自然。表面遍植果蔬，架设透光光伏形成"绿色生产全覆盖"。

● 立体整合的城市形态。城市水平方向展开、职住系统性分离的问题通过建筑与交通、种植与住宅的结合消解并开辟"第二逃生通道"[38]。

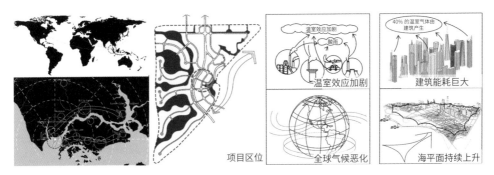

图2-43 人工海岛的区位和挑战

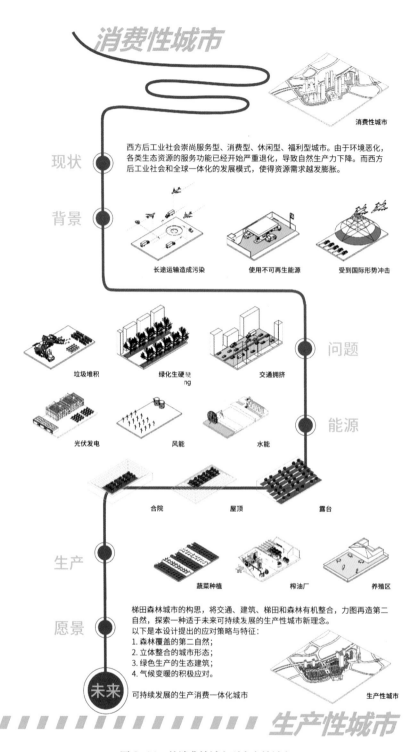

图2-44 从消费性城市到生产性城市

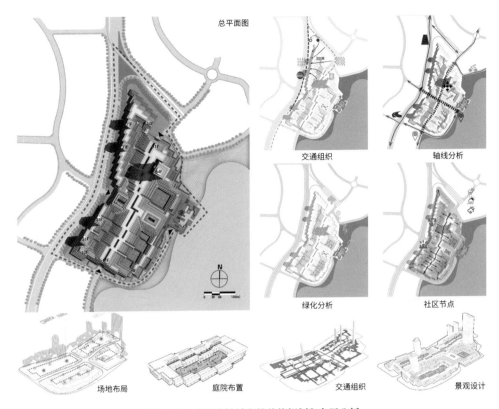

总平面图

交通组织　　　　　　　　轴线分析

绿化分析　　　　　　　　社区节点

场地布局　　　庭院布置　　　交通组织　　　景观设计

图 2-45　梯田森林城市的总体规划和布局分析

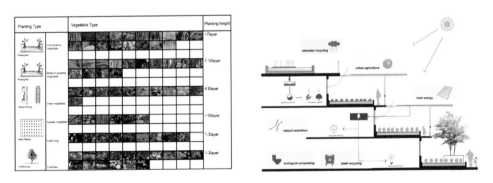

图 2-46　梯田森林城市的种植策略

图 2-47　梯田森林城市的内部　　　　　　　　图 2-48　梯田森林城市的庭院

图 2-49　梯田森林城市的鸟瞰图

图 2-50　梯田森林城市的剖透视

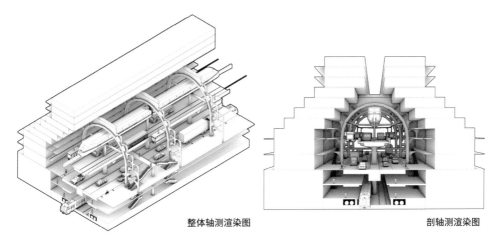

整体轴测渲染图   剖轴测渲染图

图 2-51 立体城市的建筑与交通一体化系统的轴测渲染图

（图 2-43～图 2-51 图片来源：作者自制）

● 绿色生产的生态建筑。梯田式的住宅布局为各家各户打造"零"食物里程。其成果无论用于居民消费以改善饮食习惯，还是用于市场销售以获得经济利益，均为新"绿色生产性城市农夫"提供住区活动或就业机会。

● 气候变暖的积极应对。对生态、节能、环保等相关问题从消极抵抗到积极应对。

2. 非洲加蓬森林城市项目

加蓬面临的挑战是决定是否要遵循传统工业城市的原则，或者创造另一种吸引人才的生态模式。该项目利用其森林优势，开发绿色生态产品并制订科学合理规划。本方案系笔者与 Vicente Guallart 工作室联合设计成果（图 2-52～图 2-57）。

该方案包含了城市绿色生产与生态节地的相关策略与特征，具体如下。

● 建筑绿色生产。建筑采用绿色生产策略，生产城市运行所需能源；材料来源完全可追溯，全部使用当地生产的木材和可再生材料；利用植被回收废水；生产食物；完全回收产生的废物；使用信息系统监控建筑物和城市。覆盖光伏电板的大型木结构市场作为核心空间之一，而促进生产生态食物和发展本地美食是此项目的中心议题。

● 生态节地模式。项目提出居民数 7 倍增长的空间层次体系："树叶"社区（约 300 人）是一个基础建筑聚落，"树枝"社区（约 2000 人）围绕十字路口发展，以及沿轴线发展的"树干"社区（约 15 000 人）。

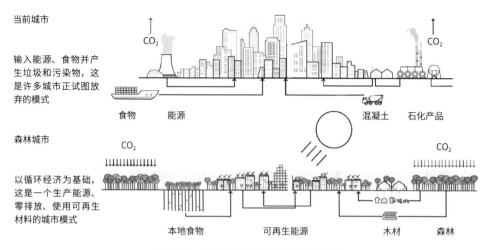

当前城市

输入能源、食物并产生垃圾及污染物,这是许多城市正试图放弃的模式

CO₂　　　　　　　　　　　　　　　CO₂

食物　　能源　　　　　　　　　　混凝土　石化产品

森林城市

以循环经济为基础,这是一个生产能源、零排放、使用可再生材料的城市模式

CO₂　　　　　　　　　　　　　　　CO₂

本地食物　　　可再生能源　　　　木材　　森林

图 2-52　当前城市与森林城市的发展模式

图 2-53　森林城市的住区鸟瞰和街景鸟瞰

图 2-54　森林城市的整体鸟瞰图

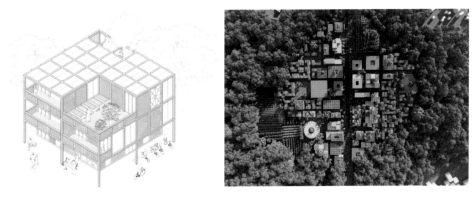

图 2-55　森林城市自给自足的木构建筑

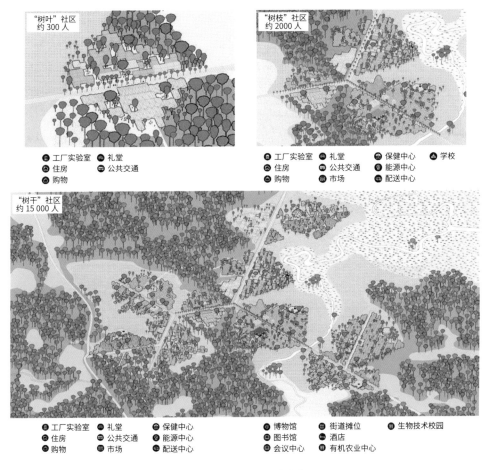

"树叶"社区
约 300 人

🏭 工厂实验室　　🏛 礼堂
🏠 住房　　　　　🚍 公共交通
🛒 购物

"树枝"社区
约 2000 人

🏭 工厂实验室　🏛 礼堂　　　🏥 保健中心　　🏫 学校
🏠 住房　　　　🚍 公共交通　⚡ 能源中心
🛒 购物　　　　🏪 市场　　　📦 配送中心

"树干"社区
约 15 000 人

🏭 工厂实验室　🏛 礼堂　　　🏥 保健中心　　　🏛 博物馆　　　🏪 街道摊位　　🔬 生物技术校园
🏠 住房　　　　🚍 公共交通　⚡ 能源中心　　　📚 图书馆　　　🏨 酒店
🛒 购物　　　　🏪 市场　　　📦 配送中心　　　🏛 会议中心　　🌾 有机农业中心

图 2-56　森林城市的基本单元

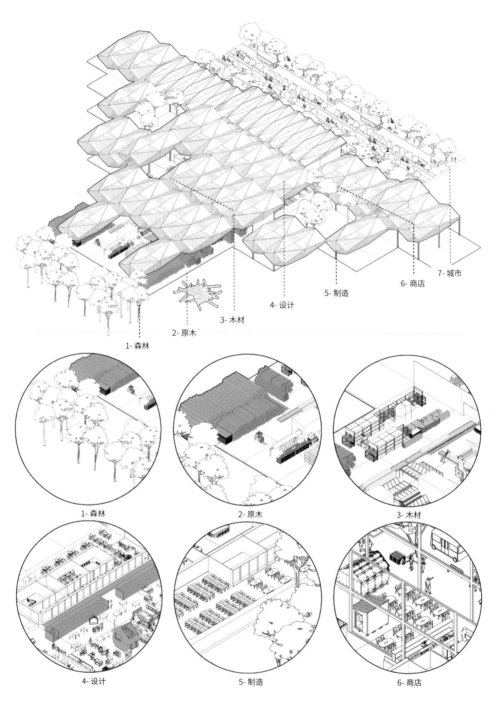

1- 森林　2- 原木　3- 木材　4- 设计　5- 制造　6- 商店　7- 城市

1- 森林　2- 原木　3- 木材

4- 设计　5- 制造　6- 商店

图 2-57　森林城市的创新工厂轴侧图

（图 2-52 ~ 图 2-57 图片来源：作者自制）

● 产品绿色生产。方案建立创新工厂，与麻省理工学院推广的 Fab Lab 国际网络相连，可对当地工人和设计师进行木材转化和生物经济发展方面的集中培训。项目包括森林管理、锯木和原木储存、木材生产和产品设计、先进制造和销售等完整的流程，为加蓬、非洲乃至全世界服务，将成为循环经济和地方赋权的全球范例。从林业获取原木，将原木加工成木材，再设计、制造和销售产品。同时也实现从技术教育、基础教育到高等教育的升级。

2.2.2　住区尺度设计探索

1. 雄安生产性住区

方案以雄安启动区 D03-02 地块某地块为例，通过复合绿色生产策略提高城市土地利用效率。该方案获得了中国建筑学会等机构举办的"高质量发展背景下中国特色的雄安建筑设计竞赛"的居住及社区配套类（公众组）一等奖（图 2-58～图 2-61）。

方案借助不同尺度的道路将该住区划分为 4 个 100 m×100 m 的地块（组团）和若干个网格，并在住区和组团层级分别植入不同规模的开放空间与多功能综合中心，

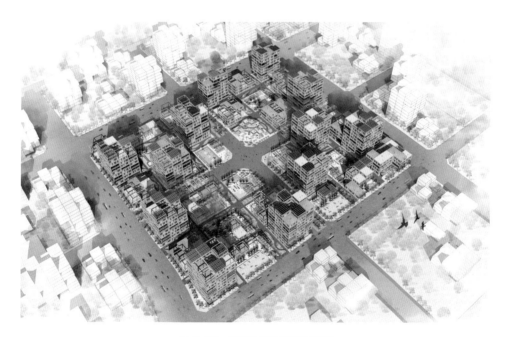

图 2-58　雄安生产性住区鸟瞰图

图 2-59　雄安生产性住区中心广场

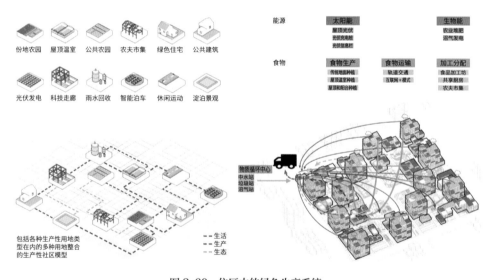

图 2-60　住区中的绿色生产系统

作为该层级单元的内核，承担多种生产、生活功能，并作为该层级的物质循环中心。住区内核空间设置农夫市集、公共农园、运动广场和农园加工坊等多种功能，并向四边的街道延伸，形成两条兼具农业生产和公共休闲功能的中心绿廊。绿廊将住区分为 4 个组团，每个组团中心都设有集中的公共空间，包括休闲花园、住区活动中心、

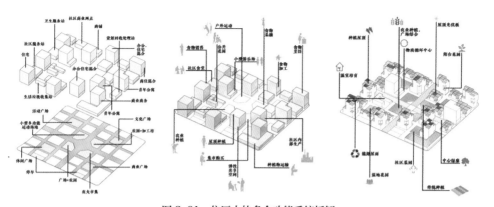

图 2-61　住区中的多个功能系统拆解

（图 2-58 ~ 图 2-61 图片来源：作者团队自制）

公共农园和露天市集广场等功能空间。

在绿色生产方面，涉及能源、食物和水三者组成的循环系统。食物方面包括食物生产（份地农园、公共农园等传统地面种植，屋顶温室种植，以及屋顶和阳台种植）、食物运输（轨道交通、互联网＋模式）、加工分配（食品加工坊、共享厨房与农夫市集）与消费回收（居住空间、餐饮空间、垃圾站、沼气站）等环节。能源方面包括太阳能（屋顶光伏、光伏充电桩、光伏城市设施）与生物能（农业堆肥、沼气发电）等。

住区中的各个功能系统以资源生产性空间为纽带，在平面、立体空间上相互交织、串联，并以生产活动带动居民的交流和社会资源的互动，实现空间与人、人与人的良性互动，重构社会网络，形成功能混合、资源循环、社会共治共建共享的复合功能单元体，实现了住区资源、空间、社会功能整合，从而达到生态节地的目的。

2. 旧住区生产性改造研究

项目选取天津市红桥区丁字沽工人新村十三段的老旧住区进行绿色生产性更新，改造价值包括：住区代表该市从 1976 年震后到 1995 年间建设的大量居住区；围合式规划形式、标准化多层砖混[39]；发现住区内存在自发蔬菜种植、街边食物交易等活动，说明住区具备绿色生产与生态节地设计可行性（图 2-62）。

通过多次实地调研（居民问卷调查、全时段监测、物业咨询、测量记录等），总结该老旧住区存在的主要问题：适宜步行范围内无满足规模标准的菜市场，导致不易获取食物；街边自发设置的早餐点和蔬菜摊，因私搭乱建、缺乏规范的商业引导和系统管理，存在严重的交通安全隐患；停车位紧缺导致大量机动车占用人行道

图 2-62　老旧住区地理位置

和绿地；老旧供暖系统管道暴露，公共绿地用地局促，宅间绿地闲置荒废等既影响美观，也浪费空间。

　　方案采用农业种植和能源供给两类绿色生产措施介入住区的资源系统改造。首先，利用 ecotect 软件模拟住区的日照条件和风环境，结合场地环境①选取适宜蔬菜种植和光伏发电的区域。其次，计算住区食物系统的部分代谢水平，进行蔬菜、能源、废物等消耗指标统计，再通过一般蔬菜产量和发电效率换算预估该住区目前可利用空间的绿色生产潜力值（图 2-63，表 2-1 和表 2-2）。其中，蔬菜单位产量分三类：一般用地参考天津本地传统种植（5.10 kg/m²）②；屋顶参考密集种植（34.86 kg/m²）；道路参考露天种植（12.69 kg/m²）[40]。最终估算出该住区蔬菜年总产量保守值为 700 227.43 kg，满足项目蔬菜 98.7% 供销平衡目标。项目假设将住区中满足日照条件的屋顶按最大发电量的方式进行光伏板铺设③，利用 PVsyst 软件初步估算在并网光伏系统下住区屋顶光伏年发电量为 2 958 300 kW·h，满足项目所有居民全年生活用电需求[41]。

---

① 包括日照、通风、热辐射、管道布置、停车情况、组团布局、现有道路、公建位置、居民活动、街道摊位、植被绿化、尺度控制、消防疏散、隐私权益、模数控制等。
② 根据《2014 中国农业统计资料》，天津市当年蔬菜总播种面积 90.1×10³ hm²，总产量为 460.2×10⁴ t，得出单位产量为 5.11 kg/m²。
③ 光伏板正面朝南（垂直面与正南夹角为 0°），水平倾角为 30°（断面与水平面夹角为 30°）。

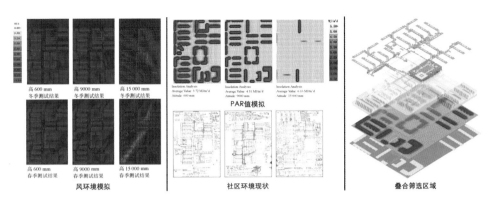

图 2-63 老旧住区的风环境模拟、PAR 值模拟、社区环境现状和叠合筛选区域

（图 2-62 和图 2-63 图片来源：作者自制）

表 2-1 住区部分代谢指标计算

指标	计算
住区人口	3.2 ppl/house×1583 house = 5065.6 ppl
年蔬菜消费总量[a]	140 kg/ppl×5065.6 ppl = 709 184 kg
年生活用电总量[b]	570 kW·h/ppl×5065.6 ppl = 2 887 392 kW·h

注：a.据《中国食物与营养发展纲要（2014—2020 年）》，2020 年全国人均年蔬菜消费量为 140 kg；b.据《2015 年天津统计年鉴》，做设计方案时 2015 年天津市人均生活用电年消费量为 570 kW·h。

表 2-2 住区蔬菜年总产量数据估算

可利用的生产空间	位置	种植面积 /m²	单位产量 /（kg/m²）	总产量 /kg
已有生产性空间	以住区菜园为主	811.12	5.11	4144.82
观赏性绿化系统	以景观用地为主	1030.04	5.11	5263.50
闲置空间	以宅间绿地为主	8827.19	5.11	45 106.94
	以建筑屋顶为主	15 887.60	34.86	553 841.74
单一功能空间	以道路、停车场为主	7428.00	12.69	94 261.32
合计	—	—	—	702 618.32

  方案在旧住区中置入农业综合体和模块化绿色生产设施，并结合室外暖气管道架设步行生产性廊道，就如同在旧电路板中插入新的"元件"并疏通好各种连接，以实现更换部分"元件"便能适应新的功能需求。

  方案体现城市绿色生产与生态节地的设计策略和特征包括：都市农业综合体作为满足食物部分自给自足和循环系统的关键角色；绿色生产性更新策略包括保留生产性空间、置换观赏性绿化、填充闲置性空间、叠加单一化功能；技术细节涵盖结构构造、绿色节能、流程解析和量化比较；能源系统作为住区的动力核心；研究性设计方法将理论与实践在食物、能源与建筑、景观及基础设施等方面结合，构建小规模生产性住区改造的典型模式（图 2-64～图 2-67）。

图 2-64　生产性住区入口和鸟瞰图

生产性廊道

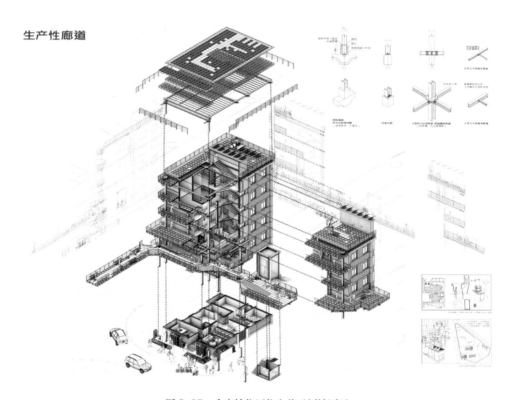

图 2-65　生产性住区住宅单元剖轴测图

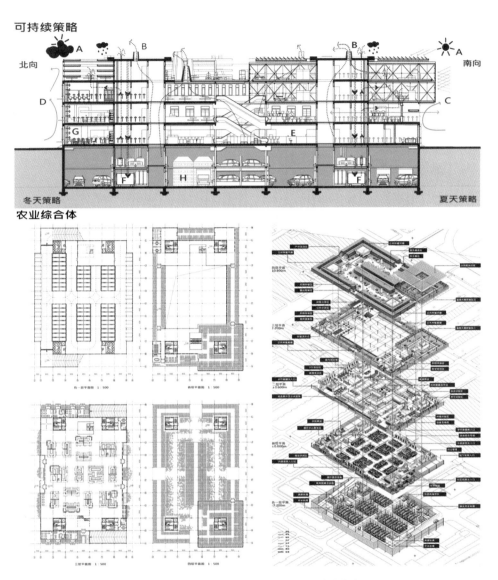

图 2-66　生产性住区农业综合体及其可持续策略

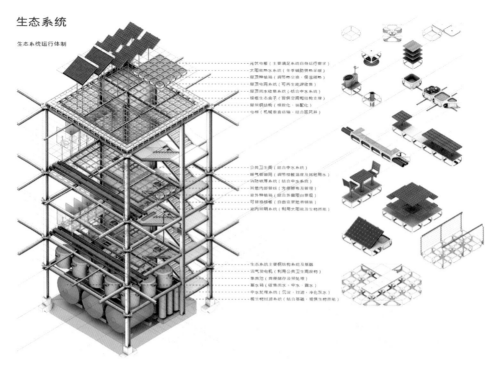

图 2-67 生产性住区建筑构件模块化技术设计

（图 2-64 ~ 图 2-67 图片来源：作者自制）

2.2.3 开放空间设计探索

以天津市万盈家园食物森林参与式设计探索为例加以说明。

天津市万盈家园住区食物森林项目策划于 2019 年 11 月，现已投入使用。该项目是天津市双新街道办事处与绿屏自然社会组织的共建项目，方案由居民、烟台大学与天津大学联合设计，旨在通过绿色生产手段提升闲置用地品质，并在此过程中促进社会资本培育。

项目场地为位于津南体育公园北侧的一块楔形闲置用地，地块临近公园西北入口和公园内部主干道。团队通过现场勘测，对场地土壤质量、朝向、日照、水源、场地人流情况进行深入调研。当时的土壤以沙砾为主，板结严重，是整个体育公园中唯一无植被覆盖的用地（图 2-68）。

同时，与街道办事处负责人、居委会领导、住区居民代表沟通，对住区的人群结构及不同需求进行总结归纳，并制定了宣传海报和微信推文以号召居民参与。在

图 2-68　万盈家园食物森林建设前场地照片及当时的土壤照片

设计初期，以讨论会的形式开展了参与式设计工作坊，引导居民畅想农园愿景，协
助居民绘制意向图并深化形成 4 个方案（图 2-69～图 2-71）。

　　初步方案确定之后，举办了第一期的"方案共识会"，引导居民对设计方案进
行讨论。居民对设计方案提出异议，包括场地北侧种植区的用水问题、施工问题等。
在此基础上由烟台大学刘芳超老师带领的团队形成方案，绘制施工图，并举办了第
二期的"方案共识会"。根据居民要求，本书课题组对方案进行了优化，最后方案
得到居民的普遍认同（图 2-72 和图 2-73）。

图 2-69　参与主体协商交流

（图 2-68 和图 2-69 图片来源：作者自摄）

图 2-70　早期"食物森林"宣传海报与微信推文

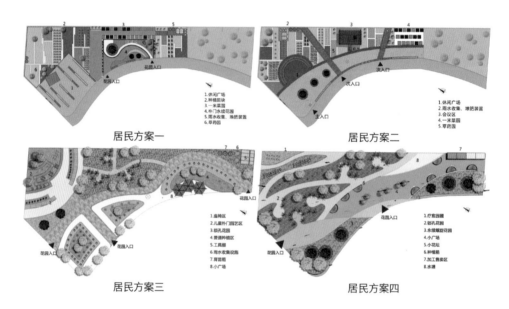

居民方案一

居民方案二

居民方案三

居民方案四

图 2-71　最初由居民设想扩展而来的方案

（图 2-70 和图 2-71 图片来源：作者团队自制）

图 2-72　第二期方案共识会现场

（图片来源：作者自摄）

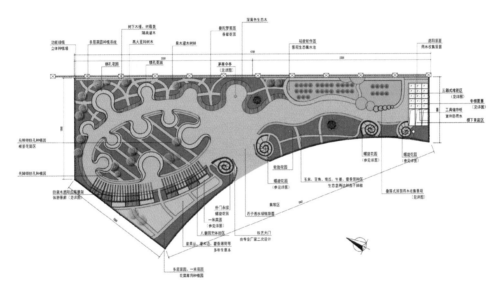

图 2-73　食物森林项目总平面图

（图片来源：作者团队自制）

共建营造。在绿屏自然社会组织的组织下，居民志愿者们通过每个周末如期举行的"营造工作坊"等活动，参与到农园建设当中，如夯实路面、铺石子路、制作茅草伞亭、加固竹篱笆、搭建阳光棚、围合园圃边界等。一砖一石，一草一木，一点一滴，整个花园全部由居民和志愿者亲手完成（图2-74）。

让土壤恢复生态生产力。津南体育公园修剪下来的废弃草坪、小区无处存放的落叶、居民家中的厨余垃圾和志愿者在农贸市场看到的丢弃的蔬菜叶子，都被

图 2-74　参与式营造工作坊

送到食物森林……经过半年多的发酵，时常翻堆，这些"废物"变成养料，直接撒到食物森林的土壤上。后又广泛种植紫花苜蓿、聚合草、三叶草等增加土壤肥力、减少土壤板结的修复类草本植物[42]，引入蚯蚓……在大家的精心呵护下，原本贫瘠的土壤恢复了肥力。2023 年 2 月，由北京某国家级权威检测机构进行有机质含量检测，数据显示：食物森林中土壤有机质含量为 24.0 ～ 42.0 g/kg，是体育公园土壤有机质含量（18.5 g/kg）的 1.3 ～ 2.3 倍，即经修复后的有机质含量提高了30% ～ 127%[43]！

食物生产。食物森林里有果树、多种蔬菜、中草药与"百草"，每年还会种植水稻，产量颇丰。以 2023 年为期五个月的"一米菜园"活动为例，五个月时间，13个家庭在 7 个面积为 1.44 m² 的种植箱里播下了 63 种植物，如生菜、草莓、樱桃萝卜、黄瓜、油菜等，总计收获食物 17 673.3 g（折合亩产 1169 kg）[44]。当然，除了分配给参与种植收获的家庭外，新鲜无农药的果蔬还被送给孤寡老人，或者制成沙拉，在活动中被大家分享。

自然教育：除了让小朋友们参与劳动，"每个周末，食物森林都会举办体验性活动，让睽违自然已久的城市家庭，亲手体验种菜、捉虫的乐趣。聘请专业的生态教育、环境教育老师，开展常态化的辨别植物、观虫、观鸟等课堂活动。许多孩子第一次在水稻田和生态水池看到蝌蚪变青蛙，第一次体验手打稻谷的全过程，第一次看到'芝麻开花节节高'，第一次摘下亲手种植的茄子和黄瓜……"（图 2-75）。

项目的景观节点设计图与效果图如图 2-76 和图 2-77 所示。

图 2-75　自然教育场景

（图 2-74 和图 2-75 图片来源：绿屏自然公众号）

图 2-76　景观节点设计图与建成图对比

（图片来源：设计图为作者团队自制，建成图来自绿屏自然公众号）

图 2-76 （续）

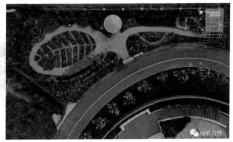

图 2-77　食物森林项目效果图与航拍图

（图片来源：效果图为作者团队自制，航拍图来自绿屏自然公众号）

2.2.4　建筑空间设计探索

1. 可移动生产性集装箱

项目提出了一种可移动分布式集装箱的农业与光伏一体化系统，拟解决现有技术大规模、高投入的问题，可见缝插针地投放到城市空间中，适应未来城市绿色生产与生态节地的发展需求。方案[45]由集装箱箱体改造形成，集装箱外部顶面可对开为背面挡板和正面雨棚，在小尺寸侧壁开设人员和货物的前后入口，在大尺寸侧壁开设售卖窗。此方式既能展开使用，又能收纳恢复至集装箱原始状态以便于运输（图2-78）。集装箱内部包括了紧贴内壁的升降机械结构、一层鱼菜共生区构成组件、二层温室种植区构成组件和屋顶光伏组件（图2-79）。

该生产性集装箱具有以下主要功能：一套内部升降机械结构提供内部种植设施及其配套、楼板和屋顶的支撑，实现空间收纳与拓展功能；一层鱼菜共生、二层温室种植、屋顶光伏发电和雨水收集等方式能快速且稳定地形成一个微型生态系统以提供短期应急生产措施和长期耕作习惯培养的功能；一整套绿色生产系统，具备自动化、智能化农业和光伏一体化设备，可实时监测集装箱内的光强、水分、温度、湿度等数据，通过调节空气、动态照明、精准营养、最大化空间、完全透明等功能，实现绿色高产、远程可控、适应环境的绿色生产。

与现有技术相比，具备生产性功能的可移动分布式集装箱具有如下效益。

● 利用集装箱本身具备的整体模块化和运输便捷等优势，将农业与光伏一体化系统轻便化打包，特别适合引入既有的城市建成环境中。

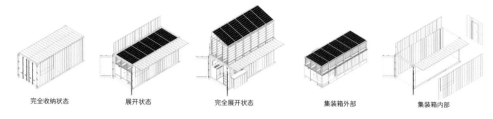

完全收纳状态　　　　　展开状态　　　　　完全展开状态　　　　　集装箱外部　　　　　集装箱内部

图 2-78　集装箱使用步骤和内外部

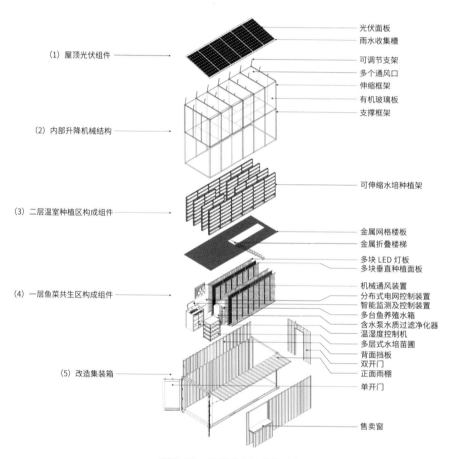

（1）屋顶光伏组件

光伏面板
雨水收集槽
可调节支架
多个通风口
伸缩框架
有机玻璃板
支撑框架

（2）内部升降机械结构

可伸缩水培种植架

（3）二层温室种植区构成组件

金属网格楼板
金属折叠楼梯
多块 LED 灯板
多块垂直植面板

（4）一层鱼菜共生区构成组件

机械通风装置
分布式电网控制装置
智能监测及控制装置
多台鱼养殖水箱
含水泵水质过滤净化器
温湿度控制机
多层式水培苗圃
背面挡板
双开门
正面雨棚

（5）改造集装箱

单开门

售卖窗

图 2-79　集装箱分解结构示意图

（图 2-78 和图 2-79 图片来源：作者自制）

● 作为一种分布式弹性基础设施，可短暂地助力住区部分实现自给自足，为后疫情时代和未来生态城市建设提供了一种方法。其一，必要时即可提供电力或使用外部电源，与其他设施互相补充形成分布式电网。其二，作为大型超市、便利店和菜市场的补充，为住区居民提供零距离、全透明和最新鲜的蔬菜。另外，其提供的能源和食物作为紧急情况下的必要物资能够缓解城市住区居民的不安和窘境。

● 生产性集装箱有效的空间利用率和紧凑合理的布局设计提供了可拓展的种植空间，采用高种植效率的方式，将"食物－能源－水"（FEW）系统立体整合达到集约化和复合化。

2. 生产性立面

城市绿色生产活动在建筑单体中的具体实践，可考虑综合利用建筑立面空间。这有利于城市生态节地从"二维"向"三维"转变。建筑立面表面[46]在城市农业及光伏绿色生产方面具有相当大的潜力，通过详细的模型设计及实践，二者可实现系统整合。

以典型单元式集合住宅为例，通过在其窗户外部敷设生产性功能模块，可实现既有居住建筑表皮结构的双层腔体化。此外，为了增强模组的综合生产效能，在综合考虑建筑采光、通风及空间使用等综合影响因素的基础上，重新建构了光热、光伏组件的结构形式，实现了生产性模组与既有套型的有机整合。具体整合结构如图2-80所示。

由该图可知，光伏组件的排布同时考虑了发电和内部空间的功能需求，其不但实现了光伏发电与光环境调控的统一，也创新了生产性空间室内环境调控的手段。而且，为了克服腔体表皮普遍存在的夏季高温问题，其顶部敷设了全天候三段式可控通风窗。除此之外，生产性建筑表皮模组还配备有功能完整的鱼菜共生食物生产系统，其不仅支撑了水产养殖，也为其上部的水培蔬果生产提供了不需要化肥的营养液系统，实现了多元生产的有机融合。为了获得最优的光热条件和确保建筑立面的艺术形象，生产性模组采用了全透明材料覆盖方式，幕墙采用可拆卸式设计。

为了进一步研究生产性立面的设计实效性，建立实验舱实体。实验舱位于陕西省的上海合作组织农业培训基地内，场地纬度34°30′，经度108°93′，高程479.0 m。生产性有机建筑表皮实证实验舱均为单层建筑，且底层与地面分离，统一架空 500 mm。实证实验舱的生产性建筑表皮模组与设计模型采用相同的多元生产整合方式，各实验舱的内部空间均设定为居住空间，南立面设定为生产性空间，其内部配备了完备的鱼菜共生系统（图 2-81）。

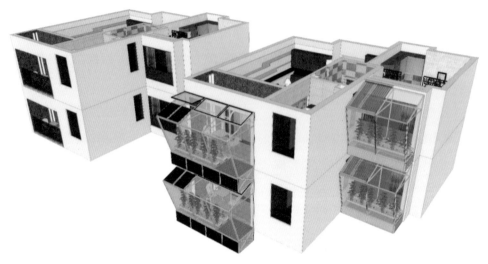

图 2-80　生产性建筑表皮模组与单元式集合住宅空间融合模式图

（图片来源：课题组张勇绘）

图 2-81　生产性有机建筑表皮实证实验舱

（图片来源：课题组张勇搭建）

空间适宜性评价与潜力分析方法

对绿色生产性要素的空间适宜性及其资源生产潜力展开评估是将城市绿色生产纳入规划体系的第一步，也是将策略与空间进行整合分析的前提。城市建成环境中存在着大量未被充分利用的空间资源，蕴含着巨大的绿色生产潜力。然而目前城市区域建设情况复杂，盲目开展大范围的城市绿色生产活动，可能会增加人力等成本投入，降低绿色生产效率，甚至影响城市的正常运转。因此，空间适宜性评价与潜力分析方法的准确性和可靠性对于降低投资建设风险尤为重要[1]。

本章首先对城市空间信息获取方法进行说明，旨在快速获取城市空间数据，并分类构建城市可用生产性空间数据库，从而为绿色生产空间适宜性评价和潜力分析提供真实、可靠的数据来源。之后，分别阐述城市空间农业生产和光伏生产的空间适宜性评价体系构建方法，并针对不同的潜力评估内容提出定量分析方法，旨在能够准确可靠地描述城市不同空间的绿色生产潜力，为相关决策提供依据，提高规划设计方案的可行性。

3.1 空间信息获取方法

3.1.1 空间信息获取方法概述

获取城市空间信息数据并识别城市绿色生产可用空间，主要使用以下方法。

1. 文献调研

我国目前较少有向公众开放的城市空间数据库，可以利用一些公开的规划文件获取用地性质等数据。但通过这种方式获取的数据往往不够全面，且精度有限，时效性较差。因此，通过文献调研获取用地数据的方法受到诸多限制。

2. 实地调研或目视解译

在很长一段时间里，研究者多采用实地测绘、踏勘的方式获取用地数据，识别用地特征。但这种方式需要大量的时间，且耗费人力物力。收集空间信息的另一种方法是对高清遥感图进行目视解译。这种方式虽比实地调研节省了成本和时间，但依旧费时费力，并且结果十分依赖研究者的主观判断。

3. 无人机低空信息采集

通过无人驾驶飞机（UAV，简称无人机）获取地理位置、影像等信息，是一种新型的数字化空间测绘技术[2]。若在无人机上搭载各种传感器，还可以获取温度、面积、坡度、材料和太阳辐射等数据。这种方法不仅降低了信息获取过程中的人力成本，提高了测量的效率，还具有灵活性，能够突破人力所能到达的空间范围，获取到更加精细和准确的数据。该技术与计算机图像处理技术相结合，可以将原有的室外测量工作转移到室内工作环境下完成，不仅方便测量，减少了操作人员的工作量，也比传统测量的数据精准度更高。

4. 地理空间信息技术

地理信息系统（GIS）已被广泛应用于城市空间数据分析。目前，可通过各种途径获得包括城市区划、路网、建筑、水体、公园等在内的城市空间矢量数据。这种数据精确度高、信息丰富，可作为地理空间分析的基础数据。通过一些渠道，还可获得带有高度或层数信息的建筑轮廓矢量数据，为后期筛查屋顶高度等信息提供基础。在获取到相关数据之后，还可以直接通过地理信息系统对这些数据进行整理和分析，建立空间数据库。

5. 遥感（RS）与深度学习技术（DL）

随着卫星遥感技术的进步，通过 Google Maps、天地图和全能电子地图下载器等，可以获取来源于谷歌、高德和百度等的高清卫星正射影像。可使用深度学习中的图像语义分割技术，根据图像特征提取样本卫星影像图中的道路、植被、建筑和水体等不同特征，进行地物类型分类，通过学习训练后实现其他地块的特征智能识别，筛选适合发展城市农业与光伏的可用地。相比于目前用地筛查常用的人工识别等方法，这种方式效率高、成本低，有助于实现评估的智能化、客观化与快速化。目前，深度学习技术中的 CNN、VGGNet、U-Net、SegNet 等网络被广泛应用于图像分割技术。

综合来看，传统的人工识别和分类方法准确度不高、人工成本较高，无法满足当前对城市空间数据的快速处理需求，难以应用于大尺度城市空间。基于地图 API的城市空间数据中的建筑、道路、水体、公园等数据精确度较高，但未覆盖详细的绿地和裸地数据，无法满足研究需要。而在城市用地识别中运用深度学习技术，能够在保证速度和准确度的情况下对复杂的用地特征进行自动识别。同时，使用地理空间信息技术对建筑轮廓数据进行筛选，可提高可用屋顶筛查的准确度。因此，将深度学习技术和地理空间信息技术相结合，有利于快速、准确地对城市绿化用地、裸地和建筑屋顶等不同类型的用地进行筛查。

3.1.2　基于摄影测量的空间信息快速获取方法

摄影测量技术是一种通过摄影方式获取测量对象数据信息的新式测绘技术[2]。该技术将外业信息采集工作与内业自动化数据处理相结合，可快速获取复杂的城市空间信息。这种方法可被运用于中小尺度下城市建筑屋顶、立面、道路、停车场及景观等构成要素的绿色生产潜力测评中。

这种方法的流程包括相关准备工作、空间信息采集（包括地面摄影和低空航拍）与建成环境几何重建（包括点云三维重建或图像几何三维重建）。无论采取哪种信息采集技术和几何重建方式，都是将摄影图像作为数字信息输入方式的空间信息获取方式。

1. 相关准备工作

相关准备工作包括建成环境场地实地调研、所在区域无人机测量法规要求及气象数据收集等。由于无人机在应用过程中存在一定的危险，尤其是在人口密集区域或者空域繁忙地带，无人机可能会对航空和公共安全造成威胁。虽然有些无人机具有安全保障功能，但仍有可能发生机械故障，失去控制或者人为失误等，都会对环境造成伤害。因此各地都有相应的无人机限飞法规，设置了限飞区域或者禁飞区。有些地区还对无人机的重量和用途进行了规定，规定无人机飞行需要按照不同的用途和重量进行申请以确保无人机飞行安全。因此，为了正常飞行完成空间信息获取，需要了解当地相关法规，并根据现场调研结果设计飞行航线[3,4]。

建成环境所在地气象参数搜集。城市区域气象数据直接关系到空间适宜性与潜力评估结果的准确性。在城市农业和光伏研究中常用的气象数据包括美国能源部气象数据、美国国家航空航天局气象资料或各地区气象数据，我国国家气象信息中心提供的中国气象数据等。当然，在条件允许的情况下，利用移动气象站测量获取的气象数据更为准确。

2. 空间信息采集

摄影测量的空间信息采集方式主要包括地面近景摄影测量与低空航空摄影测量。

（1）地面近景摄影测量

近景摄影测量是指通过近距离（一般指 300 m 以内）拍摄目标的二维图像，并对二维图像进行数据加工处理，确定所拍摄目标大小、形状和几何位置的一种测量技术。所用设备可以是普通的数码相机。由于普通数码相机的镜头存在畸变差，因此在利用普通数码相机进行近景摄影测量的过程中，往往首先需要对数码相机所拍摄的照片进行预处理，消除照片的畸变差。

此外，对于形体较复杂的建筑，由于地面拍摄的角度限制，无法完全获取建筑信息，需要基于多方位多角度的拍摄，并进行特征点的拼接，进而完成建筑信息的获取工作；对于一些特征不是十分明显的立面信息，例如一面纯色的白墙，如果只拍摄白墙将无法进行信息的获取及建模工作，这时就需要改变拍摄方式，在白墙上设置标靶点，或者拍摄更多的"边"的相关信息，进而完成建筑信息的获取工作。

（2）低空航空摄影测量

无人机低空信息采集能够快速收集大范围区域内的环境空间信息，提高工作效率，但对于设备和摄影技术有一定的要求。历经多年的快速发展，无人机的机型种类与可搭载的仪器功能越来越丰富，无人机不仅能够搭载专业相机，还能够搭载多用途的红外成像仪、机载激光扫描仪等仪器，因而所能获取的信息成果也越来越多[5]。在摄影技术方面，需满足以下要求。

① 图像获取方面的要求

在拍摄过程中尽量多地获取符合要求的照片以供选择，并最终选择不少于两张拍摄角度相差较大的照片作为数据基准；照片需要包含建筑主体，且应该最大限度地获得建筑主体信息，不能只包含建筑某个细部、某个建筑区域或者某个建筑构件，建筑形体较为复杂或者有自遮挡情况的建筑单体应考虑从多个角度获取图像；避免使用裁剪或者经图像处理软件处理后的照片，还要避免选择那些不同色彩平衡状态的图像作为建筑三维重建的数据基准；建议使用定焦镜头相机获取图像；如果条件允许，建议在建筑表面设置标靶辅助拍摄。

② 相机标定工作和特征点匹配要求

建议特征点均匀地分布于图像内并尽量靠近建筑物主体，且特征点对必须严格匹配，属于同名点，同时特征点对数量不应该少于 8 对；通过设置角约束、平面约束及坐标系约束，完成对空间坐标系的约束设置，并观测特征点图标色彩确定相机标定准确性；进行尺寸约束时，建议选择距离建筑主体较近物体的较大尺寸进行约束标定。

（3）地面近景摄影测量（地面摄影）与低空航空摄影测量（航空摄影）的选取

可以根据建筑类型及不同拍摄方式的摄影测量标准百分误差 θ[①] 进行选取（图

---

① 考虑到对于不同面的信息，即 XY 面、YZ 面及 XZ 面的建筑信息数据比对方式不同，将所有的数据分为不同的面进行统计，并与标准 CAD 中的"真实数据"进行误差分析。标准差的计算公式为

$$\delta = \sqrt{\frac{\sum_{i=1}^{n} v_i^2}{n}}$$

式中：δ 代表标准差，n 为数据量，v_i 为测量数据与真值（实际数据）之间的差值。按照相关研究中空间信息采集准确度需求分析，百分误差数值小于 5% 时，即 1 m 当中有小于 5 cm（光伏板板材边框宽度）的误差，属于绿色生产潜力研究当中可接受范围内的百分误差大小。

3-1）。根据既有研究，信息采集准确度需要满足百分误差 θ 数值小于 5% 的要求。

- 低层建筑，建议选用地面摄影的方式获取建筑图像。

- 多层建筑，由于 $5\% > \theta_{地面摄影} > \theta_{航空摄影}$，所以从精确度的角度出发，建议选用航空摄影的方式。但选用地面摄影方式获取的数据，仍处于资源生产潜力研究可接受误差范围内。

- 高层建筑，由于 $\theta_{地面摄影} > 5\% > \theta_{航空摄影}$，所以从精确度的角度出发，建议选用航空摄影的方式对高层建筑进行图像信息获取工作，不应采用地面摄影的方式获取数据。

需要说明的是，无论地面摄影还是航空摄影，都利用了相机拍摄的图像所包含的信息，包括几何信息、纹理信息等，进行图像三维空间场景的构建。两者都需要首先提取图像的特征，包括特征点或者特征区域，并对所拍摄的多幅二维图像之间的特征点和特征区域进行匹配。建立这些特征之间的匹配关系后，利用这些特征对应关系估算图像中空间几何结构特征，再利用几何结构特征建立图像像素点之间的密集对应关系，进而构建一个三维的完整的像素点云或者几何模型[6]（图 3-2）。

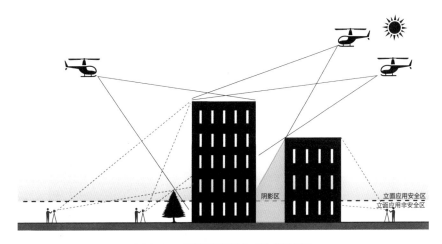

图 3-1　不同摄影测量方式的应用范围

（图片来源：课题组张文绘制）

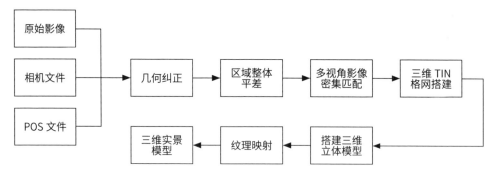

图 3-2　摄影测量技术路线图

（图片来源：课题组张百慧）

3. 基于点云三维重建的空间信息获取方法

利用摄影测量技术快速获取了大量照片后，需要对这些照片进行加工处理，才能得到实景三维模型，进而得到可用的空间信息。具体步骤如下。

（1）构建点云三维模型

点云是指在一个特定的坐标系统中，一系列点或向量的集合（图 3-3）。这些点使用 X、Y、Z 三维坐标来记录物体外表面的空间信息，采用 R、G、B 来记录其色彩信息（表 3-1）。

图 3-3　点云三维模型

（图片来源：课题组周成传奇）

表 3-1　点云三维模型的数据信息示例

X	Y	Z	R	G	B
601.4474	621.7378	−18.3578	139	140	141
601.1339	621.6127	−18.1825	97	100	101
600.5924	621.7335	−17.8145	95	95	96
600.9882	621.7728	−18.0574	136	138	137

生成点云的方法，一种是将影像通过 ContextCapture 软件形成点云三维模型，进而获取所需建成环境区域的几何信息[7]。具体流程为：原始影像—几何纠正—区域整体平差—多视角影像密集匹配—三维 TIN 格网搭建—搭建三维立体模型—纹理映射—三维实景模型。

另一种方法是，采用 Agisoft Metashape 软件，将影像生成高分辨率正射影像及带精细色彩纹理的 DEM 模型，通过有一定重叠度的数码影像，实现高质量的影像拼接、正射影像生成和三维模型重建。具体流程为：获取航片—坐标修正—多视角匹配—稀疏点云模型—密集点云模型。Agisoft Metashape 能够根据摄影测量的基本原理和多视图三维重建技术，自动计算出影像拍摄站点的位置和影像姿态等信息，然后根据这些信息完成照片的内定向、相对定向和绝对定向等操作（图 3-4）。

图 3-4　影像数据处理流程
（图片来源：课题组张百慧）

（2）点云信息转化为常用图形信息

建筑师与规划师常用的数据为具有一定拓扑结构的结构化数据，但点云数据为非拓扑结构的离散数据[8]。两者从数据类型上来说并不兼容，这也是点云数据难以被设计人员直接使用的原因。换言之，需要对点云数据进行进一步编辑，方能获得可以进行绿色生产潜力评估的数据信息。

一种方法是，采用 CloudCompare 点云编辑软件进行处理。可利用坡度值（Dip）标量场对坡度信息进行识别，基于拟合平面的提取算法（CSF 等），识别坡度形态，实现屋顶分类与地面提取（图 3-5），利用 Extract sections 的子工具 Extract points along active sections 实现对路网的提取（图 3-6）等。还可利用颜色标量场实现植被和建筑等提取。将点云模型的 RGB 颜色场转换成数值标量场（图 3-7），然后利用计算器对数值标量场进行运算，按照不同区域的色彩值不同将点云分割。最后，利用软件的点云面积计算功能，相继计算出草地、树木、屋顶、道路与地面的面积（图 3-8）。

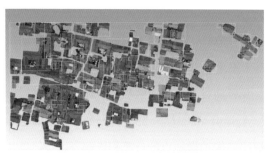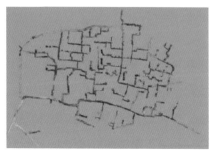

图 3-5　屋顶分类与地面提取　　　　　　图 3-6　路网提取

（图 3-5 和图 3-6 图片来源：课题组周成传奇）

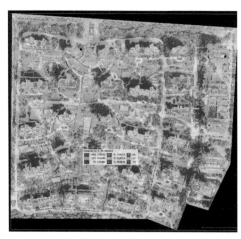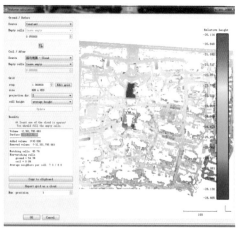

图 3-7　RGB 颜色场转换为数值标量场　　　图 3-8　面积计算

（图 3-7 和图 3-8 图片来源：课题组张百慧）

另一种方法是，采用 CloudCompare 软件或者 ContextCapture 软件，将三维点云数据转化为 CAD 图。但是，自动生成的 CAD 图只是依据每个点的高程生成等高线，场地的地物特征无法得以反映，道路和房屋仍需要根据点云正射影像图进行手工描绘。即以点云为底图，手工描绘所需建筑与场地信息。此外，伴随图像识别与语义分割技术的发展，越来越多的研究展示出将点云数据与 BIM 模型融合转化的可行性[9]。

还有一种传统方法，即在点云模型中量取数据信息，以此为参照在设计软件中建模。这种方式费时费力，但是对于小尺度空间而言，其实操性和精确度最高。

4. 基于图像几何三维重建的空间信息获取方法

基于图像几何三维重建（IBM）的空间信息获取技术，是通过手动标定图像或者计算机标定图像，完成对建成环境的三维重建，从而获取空间几何数据信息的方法。常采用 ImageModeler 软件来完成。这是一款由 Autodesk 公司和 REALVIZ 公司联合研发的图像建模软件，具有以下特征。

● 可以通过从不同角度拍摄的建筑照片来进行建筑的建模。ImageModeler 软件可以根据所输入的数码照片进行建模，通过识别每张照片中的特征点，进而提取相关拍摄参数，包含相机拍摄时所处的位置、角度和焦距等相关数据。基于这些数据计算特征点重建方程，得出坐标点，帮助获取建筑几何信息。

● 可以自动从图片中提取所需要的纹理信息。例如建筑立面，使建成的模型与照片相对应，可以更准确地获取建筑色彩、纹理等相关信息，重建照片的真实场景。这也使得软件使用者可以更好地了解建筑的风格和环境等信息，而不是仅获得简单的一个体块。同时还可以帮助设计师结合其他的相关设计软件，例如 3ds Max、Viz、AutoCAD、ArchiCAD、ArtLantis、SketchUp 等对模型进行进一步拓展应用。

● 提供了直接测量的可能。在所用的照片上对三维空间的尺寸进行直接测量，不需要现场的实测而是通过照片就可以完成对建筑信息的获取，达到通过照片获取建筑几何信息的目的，对建筑进行测绘。获取的数据可以直接应用于城市绿色生产潜力计算当中，更为直观快捷，省去了再次建模测量的过程。

图像作为 IBM 技术的依据，包含大量的信息，在进行三维模型重建的过程中，首先提取数字影像中的建筑特征并对多张数字影像中的特征进行匹配，也就是利用自动或者人工交互的方式建立特征的匹配关系对，并依据该匹配关系对标定相机，进而重建三维几何模型。这种匹配的方式叫作基于立体图像的三维重建算法。这也是 ImageModeler 软件所使用的算法，即特征匹配算法（图 3-9）。

图 3-9　基于地面摄影获取图像的建筑信息采集过程
（图片来源：课题组张文绘制）

在 ImageModeler 的使用过程中，对相机的标定是非常重要的，因为后续所有的建模和测量的基础都来自相机的标定。其中标定相机主要是通过识别不同图像的相同特征点（同名点）来计算相机参数（相机拍摄位置、相机焦距等），进而推算出拍摄图像中和 3D 环境（世界坐标）下的坐标点坐标。

在软件使用过程中，主要包含以下几个重要步骤：首先是选取需要的照片，将其导入软件当中进行计算；随后，通过在软件中准确设置 2D 图像上的特征点，标示世界坐标中的特征点位置，帮助软件进行 2D 图像及相机的标定并建立世界坐标系；然后校对并评估校对结果，调整模型，完成场景建模；最终完成校对，建模并获取建筑几何信息，得到所要的建筑几何信息（图 3-10）。

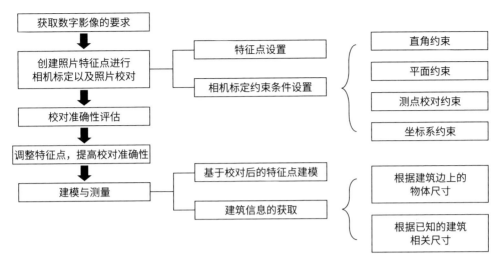

图 3-10 ImageModeler 软件使用说明

（图片来源：课题组张文绘制）

3.1.3 基于深度学习的卫星影像识别分割方法

1. 影像识别标志构建

通过深度学习技术识别分割卫星影像图，首先需要建立影像的识别标志，确定需要识别分割的对象。

根据不同绿色生产方式对不同城市空间用地的需求，将初步判定为适宜发展城市农业或光伏生产的建筑屋顶和透水地面用地作为深度学习的识别对象，根据其不同特征，分别进行图像分割。

卫星影像图上不同对象的颜色、形状、纹理等特征有所不同，依据遥感地物"所见即所得"原则，以这些差异为基础确定样本的影像识别标志，对获取到的高清卫星遥感图像进行空间类型的语义分割处理（表 3-2）。

2. 样本数据集制作

城市尺度的研究需要进行用地识别的范围较大，且卫星影像图中各类地物的特征十分复杂。不同类型的建筑屋顶、植被、裸地等，在空间形式及周边环境等方面均存在较大差异，因此识别对象在卫星影像图上的特征十分复杂。识别过程存在以下难点（表 3-3）。

表 3-2　影像识别标志构建

绿色生产模式	识别对象	分类示例	影像识别标志			影像结构示例
			颜色	形状	纹理	
屋顶农业或光伏	屋顶	建筑平屋顶	多为灰色、砖红色、蓝色等，其中灰色较多	以带有凹凸的较规则矩形为主	多无明显纹理与阴影变化	
		建筑坡屋顶		以投影矩形为主，带有明显屋脊线	伴有明显纹理和阴影变化	
地面农业	地面	绿化用地	草绿色（草地），少量深绿色（灌木）	以块状、线状为主	较均匀，无人工建造痕迹，常有不规则点状树木、小型灌木斑块分布	
		裸露地表	土黄色	以块状为主	表面呈粗糙状，散布有点状、块状等疑似垃圾堆积物	

注：课题组吕雅婷绘制。

表 3-3　图像特征难点分析

难点	地物信息干扰	图像遮挡	尺度形状多变	色调纹理不一
示例				

● 地物信息干扰：当采用的影像分辨率非常高时，其所反映的地物信息非常复杂，其中有较大部分信息会干扰识别。

● 图像遮挡：部分高层建筑发生投影倾斜，对周边广场、绿地等其他用地造成遮挡，识别会受到影响。

● 尺度形状多变：不同建筑或场地的规模跨度很大，尺度各异；识别对象一般较为规则，但凹凸变化多，形状多样。

● 色调纹理不一：不同建筑屋顶材质、结构多样，色调也差别很大，图像色调不均，且纹理特征也比较复杂。

为解决这些难点，在制作样本数据集时应遵循以下样本标注原则：样本选取时，去除目标建筑 / 场地占比小或受到较多遮挡的影像块；分散选取样本影像，以减小云层影响；适当增加样本数据量，防止过拟合；对不同类型的用地分别进行识别；同一个样本上的所有信息都要标识出来；可以借助算法随机选取样本；标识的样本数量越多越好。

根据表 3-2 中的影像识别标志，在遥感图像中分别给不同类型的用地赋予语义类别标签，进行样本的标注，制作卫星影像图训练集。

3. 神经网络卫星影像识别分割技术

研究利用 U-Net 神经网络实现不同用地的识别与分割。该方法建构于 2015 年[10]，最初被用于医学领域，能够通过相对少量的样本数据集得到图像分割结果，其准确度在各图像分割算法中名列前茅[11]。该方法较常用且可以较好地利用少量样本数据集进行遥感影像分割。以现有 U-Net 算法架构为基础，编辑并添加相关深度学习的应用（图 3-11），根据前面建立的影像识别标志，在卫星影像图中处理识别对象，实现图像分割（代码详见图 3-12）。

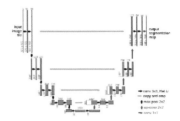

图 3-11 U-Net 深度学习网络结构

（图片来源：参考文献 [12]）

```
17    # Block 1
18    x = Conv2D(filter, (3, 3), padding='same', name='block1_conv1')(img_input)
19    x = BatchNormalization()(x)
20    x = Activation('relu')(x)
21
22    x = Conv2D(filter, (3, 3), padding='same', name='block1_conv2')(x)
23    x = BatchNormalization()(x)
24    block_1_out = Activation('relu')(x)
25
26    x = MaxPooling2D()(block_1_out)
27
28    # Block 2
29    x = Conv2D(filter*2, (3, 3), padding='same', name='block2_conv1')(x)
30    x = BatchNormalization()(x)
31    x = Activation('relu')(x)
32
33    x = Conv2D(filter*2, (3, 3), padding='same', name='block2_conv2')(x)
34    x = BatchNormalization()(x)
35    block_2_out = Activation('relu')(x)
36
37    x = MaxPooling2D()(block_2_out)
38
39    # Block 3
40    x = Conv2D(filter*4, (3, 3), padding='same', name='block3_conv1')(x)
41    x = BatchNormalization()(x)
42    x = Activation('relu')(x)
43
44    x = Conv2D(filter*4, (3, 3), padding='same', name='block3_conv2')(x)
45    x = BatchNormalization()(x)
46    x = Activation('relu')(x)
47
48    x = Conv2D(filter*4, (3, 3), padding='same', name='block3_conv3')(x)
49    x = BatchNormalization()(x)
50    block_3_out = Activation('relu')(x)
51
52    x = MaxPooling2D()(block_3_out)
53
54    # Block 4
55    x = Conv2D(filter*8, (3, 3), padding='same', name='block4_conv1')(x)
56    x = BatchNormalization()(x)
57    x = Activation('relu')(x)
58
59    x = Conv2D(filter*8, (3, 3), padding='same', name='block4_conv2')(x)
60    x = BatchNormalization()(x)
61    x = Activation('relu')(x)
62
63    x = Conv2D(filter*8, (3, 3), padding='same', name='block4_conv3')(x)
64    x = BatchNormalization()(x)
65    block_4_out = Activation('relu')(x)
66
67    x = MaxPooling2D()(block_4_out)
68
69    # Block 5
70    x = Conv2D(filter*8, (3, 3), padding='same', name='block5_conv1')(x)
71    x = BatchNormalization()(x)
72    x = Activation('relu')(x)
73
74    x = Conv2D(filter*8, (3, 3), padding='same', name='block5_conv2')(x)
75    x = BatchNormalization()(x)
76    x = Activation('relu')(x)
77
78    x = Conv2D(filter*8, (3, 3), padding='same', name='block5_conv3')(x)
79    x = BatchNormalization()(x)
80    x = Activation('relu')(x)
81
```

图 3-12 U-Net 神经网络核心代码与编程界面

（图片来源：课题组吕雅婷绘制）

3.1.4 基于地理信息技术的空间信息处理方法

无论是处理后的点云数据还是深度学习识别得到的用地分类数据，都需要在 ArcGIS 平台中进一步处理才能使用。空间信息处理方法根据原始数据类型而有所不同。

1. 三维点云数据处理

在 ArcGIS 中对建成环境三维点云进行处理，获取建成环境区域几何信息。在 ArcMap 软件中依据所设定的约束条件对目标区域内城市基础设施和生态基础设施进行退让，并且依据日照辐射条件进行农业或光伏组件适宜应用区域筛选，具体操作流程如图 3-13 所示。

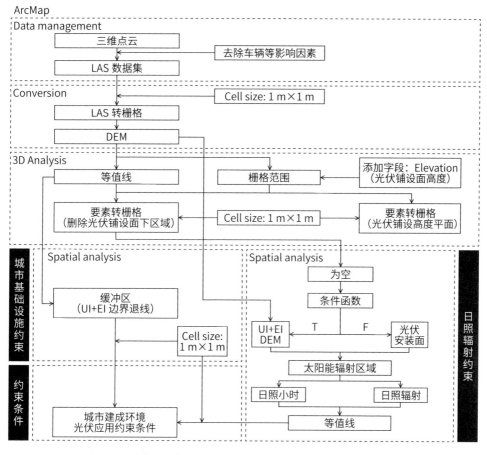

图 3-13　图像三维点云重建数据在 GIS 中的处理流程（以光伏为例）

（图片来源：课题组张文绘制）

第一步，将三维点云导入 GIS 软件。将三维点云文件转化为 LAS 数据集并导入 ArcMap 中，然后生成数字高程模型（DEM）。在生成 DEM 时需要设置 Cell size 为 1 m×1 m。因为光伏组件模数为 1 m，这样设置可以更准确地反映出光伏组件实际情况。其中，点云文件可以存储为 LASD 文件进而导入 LAS 数据集。

第二步，生成光伏安装承载面或种植高度面的 DEM。其操作如下，利用 DEM 等值线（Contour）生成面（Polygon），删除高于光伏应用高度 / 种植高度的区域。将剩余的面进行编辑，添加 Elevation 字段，将其数值设置为光伏铺设高程或种植高度，再将编辑后的面转化为栅格。该栅格即为待测区域光伏组件的安装面或种植面。进而，对原始的 DEM 文件（依据三维点云文件生成的 DEM）与新生成的 DEM（光伏组件安装面 / 种植高度面）利用"为空"（Is null）及条件函数进行组合。其中 Is null 用于判断删除了的高于光伏安装面 / 种植高度部分的树木、建筑等的位置。举例而言，如图 3-14(a) 所示，蓝色部分为没有高程数据的区域，该区域在 Is null 函数中判断结果为"true"，利用条件函数将输入条件栅格（Conditionl raster）设为 Is null 的结果，如图 3-14(b) 所示。然后赋予该区域（即图 3-14(b) 中的第 3 行）原有的包含树木和建筑等周边环境信息的 DEM。Is null 判断为"false"的区域则赋予新定义的光伏铺设面 / 种植高度面（即图 3-14(b) 中的第 4 行）的高度，由此可以生成去除光伏组件安装面 / 种植面下方区域的承载面的 DEM，即光伏组件安装面 / 种植面及其上方区域的 DEM（即图 3-14(b) 中的第 5 行）。

第三步，进行日照辐射分析并进行空间约束。先对新生成的光伏 / 种植承载面

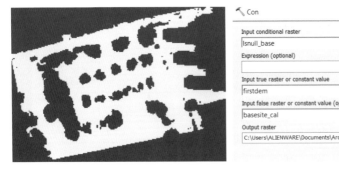
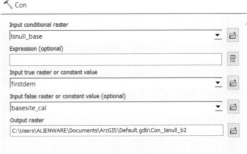

(a) Is null 命令结果作为条件函数的依据　　　　　　(b) 条件函数界面

图 3-14　光伏安装承载面的建立过程

（图片来源：课题组张文绘制）

DEM 进行日照辐射分析，依据当地对日照小时和日照辐射的要求设置技术参数，并耦合结果生成等值线，得到满足日照要求的区域，删除不满足日照要求的等值线内的区域。进而，在 GIS 中体现生产空间的约束条件，如对城市基础设施和生态基础设施进行退让。先利用原先三维点云模型生成的 DEM 等值线，筛选出城市基础设施和生态基础设施边界，然后利用空间分析函数（Spatial analysis）中的"缓冲区"操作对边界进行退让。

最后一步，耦合日照辐射和空间约束后的结果，生成该建成环境区域适合铺设光伏组件 / 适合种植的面域。

2. 深度学习识别后的栅格数据处理

通过深度学习技术，得到了区分不同用地类型的栅格文件，其中不同的颜色标签用于区分不同的用地空间类型。可在 ArcGIS 中进行处理后应用。

第一步，在 ArcGIS 中，使用重分类工具对代表地面可用地的颜色进行重新赋值，获得包括城市绿化用地和裸露地表在内的地面的栅格文件。但对于屋顶可用地而言，由于技术限制，通过深度学习技术识别分割的结果无法获得高度信息。为获得更加准确的结果，可使用地理空间信息技术作为补充，利用带有高度或层数信息的城市建筑矢量数据作为建筑屋顶的基础数据。由此，可获得包括地面和屋顶多种用地在内的城市绿色生产可用地的初始集合。

第二步，处理城市农业和光伏生产可用地初始集合。根据用地性质、场地面积、坡度、高程、建筑高度与建筑日照遮挡等指标及其评价标准，借助坡度分析、坡向分析、山体阴影、栅格计算器、提取分析等工具，对各类数据进行处理，剔除面积过小、坡度过大、高程过大、建筑高度过高和无法满足日照门槛的用地。通过这个过程，实现对城市绿色生产可用地的二次筛查，形成城市农业和光伏生产可用地的分类地图清单（图 3-15）。

第三步，数据统计。继续对栅格进行分区统计，对矢量数据进行面积计算，计算地面农业空间的可用总面积 S_g、屋顶农业空间的可用总面积 S_r 和屋顶光伏可用总面积 S_{pv}。将面积相加得到城市绿色生产可用地总面积 S：

$$S = S_g + S_r + S_{pv} \qquad (3\text{-}1)$$

图例
地面可用地初始集合
建筑屋顶初始集合
研究区范围

图 3-15 天津市中心城区城市农业可用地分类地图
（图片来源：课题组吕雅婷绘制）

根据研究区域的人口数，还可以计算出人均城市绿色生产可用地面积。

3. 矢量数据处理

第一步，数据获取。目前，高德地图、百度地图等均开放了 API 开发者中心，通过后台图层程序，可获取建筑位置、占地面积、高度等详细数据，并将这些数据以空间数据格式输出。通过 OpenStreetMap 网站，可以免费下载全球的行政区划、建筑、路网、水体等矢量数据，但通过这种方式下载的矢量信息属性不全，数据的完整度和精度较差，特别是对于中小城市数据的准确度较差。通过水经注、太乐、Bigemap 等平台可下载高清地图，也可以获取包括道路、建筑、水系、高度等在内的数据，帮助我们掌握研究区域的三维空间数据信息。

第二步，数据准备。在 ArcGIS 中对建筑轮廓矢量数据进行位置校准，并将其统一为米制投影坐标系。按每层楼 3 m 进行估算，得到屋顶高度信息。

第三步，根据空间矢量数据制作城市三维形态数据。以天津市中心城区为例，因研究区海拔相差较小，地形整体较平坦，所以忽略地面高度对太阳辐射模拟结果产生的影响。根据获取到的天津市 DEM 地形文件，计算得到中心城区的平均高程为 7.19 m。因此，取高度为 7.19 m 的平均水平面作为地面，与带有高度信息的建筑轮廓数据相叠加，形成城市形态数据。再依据高度字段将其转换为栅格数据，作为进行太阳辐射模拟的数据准备。由于日照情况受周边建成环境影响较大，所以这一步骤的操作必须在研究区范围的基础上扩大选区。

3.2 城市空间农业生产适宜性与潜力分析方法

我国城市建成环境建设情况复杂，盲目改建会造成安全隐患增加、农作物生长受限、设备运转效率降低、建造和维护成本升高等问题，因此，基于我国城市建设现状，有必要针对不同类型的城市农业生产活动建立相应的适宜性评价指标体系。

3.2.1 城市农业用地适宜性评价体系构建

1. 用地适宜性评价指标归纳

由于研究目的和研究对象的不同，既有研究选用的城市农业用地评价标准各不相同。收集其采用的相关空间指标，结合城市用地生态适宜性评估、屋顶绿化效益评估等相关研究采用的评价指标，形成用地适宜性评价指标集合。

经过整理，得到了包括区位条件、交通可达性、用地性质、用地权属、场地功能、场地面积、地面透水率、坡度 / 屋顶坡度、高程 / 建筑高度、场地建造成本、其他占用面积、防护设施、树冠覆盖率、建筑阴影、灌溉水源、土壤质量、建筑建设年代、屋顶材料、屋顶承载力、屋顶可达性在内的共计 20 个城市农业用地适宜性评价指标。其中，场地建造成本一项本身与地面透水率、屋顶材料等诸多因素相关，与其他指标评价内容有交叉，不适合单独作为用地适宜性评价的一项指标；防护设施与其他占用面积这两项因素属于场地设计范畴，对场地建造成本有一些影响，但对是否选用场地进行城市农业活动不起决定性作用，在用地选择阶段可忽略，可以在后期的设计与建造过程中予以考虑。另外，树冠覆盖率和建筑阴影都属于日照遮挡条件。因此，共有 16 项因素可以作为城市农业用地适宜性的评价指标。主要包括规划条件、场地特征、自然条件及建筑结构特点。对各指标的关系进行梳理，构建城市农业用地适宜性评价指标体系（图 3-16）。

2. 用地适宜性评价指标说明

依据文献阅读和案例研究所得，对各项评价指标分别进行说明与分析，经过筛选最终确定城市农业用地的适宜性评价指标（表 3-4）。

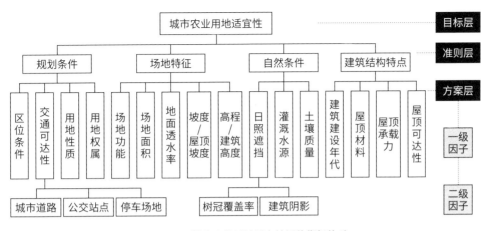

图 3-16　城市农业用地适宜性评价指标体系

（1）规划条件

① 区位条件

区位条件极大地影响城市农业场地对居民的吸引力。但当研究范围较小时，因场地周边蔬菜需求差异不大，可将区位条件排除在城市农业用地筛查标准之外。

② 交通可达性

城市农业在交通方面受到的限制较少，但交通会影响人们参与的便捷程度。因此，不将此项指标作为用地适宜性的筛选标准，但可作为城市农业用地评价的参考条件，以评估各场地上城市农业活动可能的开展方向。交通可达性主要受到包括城市道路、公交站点、停车场地等城市交通设施空间分布情况的影响。可以根据步行的舒适距离来确定交通可达性的评价标准，以 100 m、300 m、500 m 为界划定点状交通设施的可达性的 4 个等级[13]，同时以 20 m、50 m、100 m 为界划定线性交通设施，即城市道路的可达性等级。

③ 用地性质

与城市农业相关的用地性质要素主要有历史保护区、生态保护区、蓄滞洪区等，因为各城市相关规划内容的不同而各不相同。

④ 用地权属

我国实行土地公有制，因此用地权属不作为用地适宜性的评价指标。但在城市农业场地建设及活动开展过程中，应考虑用地的所有权人及相关使用者，充分协调

表3-4 既有研究中的城市农业用地适宜性评价指标

案例地点	文献来源	研究时间	区位条件	交通可达性	用地性质	用地权属	场地功能	场地面积	地面透水率	坡度	屋顶坡度	高程	建筑高度	场地建造成本	其他占用面积	防护设施	树冠覆盖率	建筑阴影	灌溉水源	土壤质量	建筑建设年代	屋顶材料	屋顶承载力	屋顶可达性
巴塞罗那	Nadal A[38]	2018	■					■	■									■					■	
柏林	Altmann S[37]	2018	■					■	■				■							■				
巴塞罗那	Nadal A[36]	2017						■							■								■	■	
波士顿	Saha M[35]	2017			■	■							■												
常州	王新军[34]	2016	■			■								■									■	■	
西雅图	Stoudt A E[33]	2015	■	■				■												■					
巴塞罗那	Sanyé-Mengual E[32]	2015						■											■				■	■	■
斯普林菲尔德	Berg E[31]	2014		■	■									■		■	■	■			■				
西奥克兰	Reese N M[30]	2014						■																■	
休斯敦	McDonough D[29]	2013						■																	■
纽约	Berger D[28]	2013						■					■			■									
波士顿	Chin D[27]	2013	■					■	■					■		■	■								
深圳	邵天然[26]	2012								■			■							■			■	■	
费城	Kremer P[25]	2011															■								
菲尼克斯	Smith J P[24]	2010						■	■					■			■								
旧金山	Dmochowski J E[23]	2009		■																					
墨尔本	Wilkinson S J[22]	2009	■										■	■									■		
克利夫兰	Ohri-Vachaspati P[21]	2009		■	■												■	■							
伦敦	Rodriguez O[20]	2009					■						■												
江西	梁涛[19]	2008							■		■									■					
西雅图	Erickson L[18]	2008		■				■										■	■						
奥克兰	McClintock N[17]	2008		■				■											■						
温哥华	Mendes W[16]	2008						■																	
西安	吕墨辰[15]	2007		■	■									■											
波特兰	Balmer K[14]	2005		■	■				■									■	■	■					

各利益相关者的需求。

（2）场地特征

① 场地功能

由于居住、办公、商业、公共服务等各种功能的场地上均可以开展城市农业活动，因此场地功能不作为城市农业用地适宜性的评价因子。

② 场地面积

城市农业按照功能可以分为庭院农园、住区花园、农业公园等类型，各类型城市农业空间的用地面积大不相同，因此，城市农业场地的面积限制很小。但地块面积的大小会影响城市农业的经济效益。因此，在研究中需要排除面积小于最低标准的用地。根据相关研究 [39, 40] 及调研经验，可将城市农业的最小规模场地面积定为 25 m²。

③ 地面透水率

虽然可以采用种植箱、覆土等方式解决混凝土地面 / 屋顶的种植问题，但地面透水率决定着城市农业实施的方式与成本。

④ 坡度 / 屋顶坡度

根据《中华人民共和国水土保持法》，坡度超过 25° 的用地上不允许进行农业种植。另外参照《土地利用现状调查技术规程》对耕地坡度的建议，排除坡度大于 25° 的用地。对于屋顶农业，屋顶坡度还对农业活动的排水产生影响。有研究指出 0.5% ~ 2% 的屋顶坡度可用于城市农业 [34]，也有研究认为小于 10% 的屋顶坡度即可用于农业种植活动 [41]。

⑤ 高程 / 建筑高度

高程对温度和风力有着很大的影响。就温度而言，对于一般的城市空间和建筑屋顶，温度不会产生过大的差异。参照相关研究 [21] 及实践经验，排除地面高程大于 150 m 的区域。风力随高度变化明显，因此屋顶农业受风力影响较大。可参照各地的屋顶绿化实施要求确定建筑高度标准，以 10 层以下、不超过 30 m 作为建筑高度的评价标准。

（3）自然条件

① 日照遮挡

日照是作物生长最大的影响因子，城市中各种空间要素的遮挡关系会极大地影响场地对日照的获取，因此日照遮挡也是城市农业用地适宜性的一项评价指标。城市中的日照遮挡主要与树冠覆盖率和建筑阴影有关。

② 灌溉水源

可靠的供水条件是发展城市农业的重要保障。城市农业的灌溉水源较容易获取，受到的空间制约条件较少，可参照城市绿地的灌溉方案为城市农业提出节水措施，因此不作为城市农业用地适宜性的筛选条件。

③ 土壤质量

土壤作为作物生长的基质，其质量对产量有很大的影响。屋顶农业无法采用原生土壤进行种植，但可采用水培、气培及种植箱等方式。对于地面农业，可以通过耕作、施肥等方式改善土质。因此，土壤质量一项仅作为城市农业用地适宜性评价的参考条件，而不作为筛选指标。以土壤是砂土、粉砂土还是黏土作为其评价值。

（4）建筑结构特点

覆土种植、种植箱种植等屋顶有土栽培方式对屋顶的结构有所要求，需要事先做好防水工作，并且对屋面进行加固以防止植物根系穿透，对已有建筑进行改造的工程量较大。从目前来看，无土栽培技术成本较高，但有着产量高，不受场地大小、建筑承重环境条件约束等优势，因此许多实践和研究案例中为避免建筑结构过载而统一使用无土栽培方法。而随着农业栽培技术的进步，水培法、气培法等更多无土栽培技术都有望在城市农业中大展身手。因此，为避免结构过载、屋面穿透等风险，采用种植箱、景观架等移动种植方式在屋顶空间进行种植，即可避免屋顶结构的诸多限制。

建筑屋顶往往预留上人通道，可通过疏散楼梯、电梯或屋面检修孔到达屋顶。方式的不同决定了屋顶可达性的差异。同时，是否为上人屋顶对屋顶结构、女儿墙高度等的要求也有所不同。可以通过建筑改造改变屋面是否可以上人的状态，只是成本不同。

3.2.2　城市农业生产潜力测算方法研究

本节将以既往研究为基础，通过分析城市空间环境对作物生长的影响，在农业科学领域潜力计算方法的基础上确定城市空间对农业生产潜力的影响，进而确定符合城市建成环境空间特征的农业生产潜力影响因子及关键评估因子的影响系数计算方法，对既有农业产量测算模型进行空间修正，形成适合城市农业的生产潜力测算方法。

1. 城市建成环境作用下的生产潜力评估因子确定

既有研究大多使用作物的单株产量、单位面积产量等基于传统农业种植的经验值、统计值，但目前城市空间形态复杂，无法在所有用地上使用单一值进行计算。对城市农业潜力进行评估时，既要考虑传统农业产量研究中的各项影响因子，又要考虑城市农业的用地限制和城市的空间形态特征对这些因子造成的影响，才能测算出准确的结果。

（1）农业生产潜力影响因子

在作物生长过程中，许多内外部条件同时影响其生产潜力。内部条件是作物自身的特性，如作物群体的密度和株行、作物的群体结构等，可通过农业育种进行改良。外部条件主要包括光照、温度、水分、空气、土壤等。其中光照、温度、空气主要取决于自然地理气候环境，而水分、土壤等既受到自然因素影响，又受到施肥、灌溉、耕作等农业技术措施的影响，在不同种植方式、栽培技术下有着明显差异。

（2）城市农业生产潜力影响因子

① 城市二维用地特征作用下的潜力影响因子

城市农业的用地条件、农业活动成本预算、建设难度及可采用的农业技术措施等均与传统农业不同，更具多样性与差异性。不同大小、不同位置、不同结构的场地会决定农业技术的选择，从而影响农园的空间设计与生产潜力。尽管通过相应的农业技术措施可以使城市农业的灌溉条件和土壤肥力达到较为理想的水平，但城市建成环境中的用地条件，通常与这个空间中所选用的种植方式、农业技术措施存在一定的对应关系，换言之，可以用种植方式的不同来表征二维用地特征对生产潜力的影响。

城市农业的种植方式主要分为固定式种植和移动式种植。固定式种植是指直接种植于固定的土壤中，往往适用于较大规模的用地。移动式种植是指使用花盆、种植箱、种植架等容器进行种植的方式，这种方式在空间上具有很大的灵活性。不同种植方式对应的生产潜力由其对应的栽培方式决定。固定式种植方式采用有土栽培方式；而移动式种植的栽培方式既包括有土栽培方式，又包括基质栽培、水培等新型的无土种植方式。采用有土栽培方式，应尽可能地利用现有的土壤资源。该方式比较适合在透水地面及较大的场地上使用，可以在节约成本的同时，实现较高的产量。若在不透水地面或屋顶上使用有土栽培方式，则需要进行覆土，对已有建筑要求较高，或需要进行改造。

② 城市三维空间特征作用下的潜力影响因子

城市中建筑和各类构筑物之间有着复杂的空间遮挡关系，形成了城市的三维形态特征。日照条件不同将直接影响场地内作物可接收日照的强度和时长。因此城市中不同位置在不同时间里能够接收到的太阳辐射量不同，而这种差异又会对该位置的空气、温度、湿度等局部气候造成影响。由于人工补光措施的适用范围很小，且作用有限，城市农业种植的光照条件主要依靠太阳辐射。要对城市农业生产潜力进行评估，就需要考虑城市的三维形态特征对太阳辐射的影响。因此，可以通过计算城市中的太阳辐射量，将城市的三维形态特征纳入农业生产的评估当中。

城市空间接收到的太阳辐射分为直射辐射、散射辐射和反射辐射3个部分。其中，直射辐射占比最大，散射辐射占比次之，而除了地面积雪等特殊情况外，反射辐射占比一般非常小。因此，可通过计算直射辐射和散射辐射的总和来表征总日照辐射。目前可以用于辐射模拟的软件包括 PVsyst、CitySim Pro、DIVA for Rhino 和 ArcGIS 中的太阳辐射分析工具等。根据相关研究成果，农业生产活动要求年日照辐射大于 1900 MJ/m²，或每天接受 $13 \sim 14$ MJ/m² 的日照辐射量 [38]。

2. 农业生产潜力测算方法研究

（1）农业生产潜力计算方法概述

农业科学领域有很多学者进行过生产潜力相关研究。苏联、日本、美国的相关学者的研究奠定了这一研究内容的基础，我国的许多学者也进行了作物生产潜力测算研究 [42-45]。作物生产潜力是指在气候条件和栽培技术等外界条件适宜的情况下，单位时间单位面积上作物将太阳辐射能转化为生物化学能而获得的最高产量。其测算的机制模型是在植物生理生态学的基础上，结合光、温、水、气、土等自然气候条件对作物光合作用等生理过程的影响，对自然气候条件与作物产量之间的关系进行量化研究[46]。

植物的光合生产分为两个阶段，即能量的获取、吸收阶段和能量转化阶段。作物首先吸收光照和CO_2等，用于光合作用的进行，或用于蒸腾作用等生理过程。被植物吸收的能量和无机物通过光合生产过程被转化为植物自身的有机质，光能也被转化为生物化学能。经叶面反射和漏射后被吸收的太阳辐射为光合有效辐射，作用于植物的生长过程，而在其他条件适宜的前提下，植物的光合产量随着光合有效辐射的增加而增加，但当光合有效辐射超过一定限度即光饱和点后，产量不再受光强的影响，此现象称为光饱和现象，此时达到最大产量。结合太阳辐射强度、光饱和点等参数，并考虑植物的呼吸损耗等，可以计算出其光合生产潜力（认为生产仅受光照影响，由作物自身光合效率决定的生产潜力）[47]。在得到光合生产潜力之后，使用温度对结果进行修正，计算得到光温生产潜力（生产潜力仅由光照和温度条件决定，此时达到的最大生产潜力则为作物的光温生产潜力）。

这种计算方式用于对农业潜力的研究由来已久，同时考虑了作物自身的特征与外部的环境影响因素，在农学界的认可度高。因此可借鉴此模型进行城市农业生产潜力的测算。

（2）单位面积农业生产潜力测算模型

通过对生产潜力影响因子的分析可知，作物的生产潜力与直接影响作物光合生产潜力的太阳辐射量关系最大，并主要受到温度的影响，其他影响因素可通过人工控制达到较为理想的状态。因此，在强人工干预环境中，可以用光温生产潜力代表作物的生产潜力，即对光照和温度与生产潜力的关系进行量化。

首先，通过机制模型计算出单位面积下作物的光温生产潜力：

$$y = q \cdot \varepsilon \cdot \eta \cdot (1-\alpha-\beta)(1-\gamma)(1-\rho)(1-\omega)\, \phi \cdot \lambda^{-1} \cdot (1-\theta)^{-1} f_t \qquad (3\text{-}2)$$

式中：y为农业生产潜力，单位为kg/ha；q为单位时间单位面积上接收的太阳辐射，单位为W·h/ha；ε为光合有效辐射率，指在太阳辐射中，可被作物利用的光合有效辐射的比例，根据华北地区的相关研究，ε可取0.49；η为在作物生长期间某时段的叶面积指数与最大叶面积指数的比值，与植物种类有关；α为叶面反射率，与作物自身特性有关，涉及植物的叶绿素含量、叶内组织结构及体内含水量等；β为漏射率，指未被作物吸收的太阳辐射的漏射比例，与作物的株行和密度等相关，因作物品种和生长期而异；γ为光饱和限制，即达到光饱和点之后不再对光合产量产生影响的太阳辐射的比例；ρ为无效吸收，指被作物非光合器官吸收的太阳辐射比例，取0.1；ω为呼吸作用损耗，相关研究普遍认为其值约为30%；ϕ为量子效率，在高光强条件下可取0.224；λ为干物质能量转换率，4.25×10^6卡的能量约可转化为1 kg干物质；θ为无机养分比率，约8%；f_t为温度修订函数，根据大量实验资料，$f_t=4.301\times10^{-2}\,t-5.771\times10^{-4}\,t^2$，$t$为温度。

将上述参数的取值代入式（3-2）得到单位面积下的光温生产潜力模型：

$$y=q\cdot 1.768\times10^{-8}\times(1-\alpha-\beta)(1-\gamma)f_t \tag{3-3}$$

3. 城市农业生产潜力测算模型

（1）不同种植方式下的单位生产潜力

引入基于种植方式的潜力影响系数 C_z，以量化不同种植方式对农业生产潜力的不同影响。以传统露天农田种植的生产潜力作为该系数的取值基准，将在相似地域气候条件下其他种植方式的生产潜力与之进行比较，确定不同种植方式的潜力影响系数值。

$$y_z=C_z\cdot q\cdot 1.768\times10^{-8}\times(1-\alpha-\beta)(1-\gamma)f_t \tag{3-4}$$

式中：y_z为考虑了种植方式影响的城市农业单位生产潜力，单位为kg/ha；C_z为不同种植方式对应的影响系数的值，可通过文献查阅、实验等多种方式计算获得。

（2）考虑不同种植方式及其对应面积的总生产潜力

总生产潜力为单位潜力 y_z 与面积 s 的乘积。但由于不同位置采用的种植方式不同，可以分为地面固定式种植方式的潜力影响系数、屋顶移动式种植方式的潜力影响系数等，对应不同生产方式的种植面积，进而求和。事实上每个位置获得的太阳辐射有所不同，因此也需要进行区分。

$$y_s = (c_{zg} \cdot s_g \, q_g + c_{zr} \cdot s_r \, q_r) \times 1.768 \times 10^{-8} \times (1 - \alpha - \beta)\,(1 - \gamma)\, f_t \qquad (3\text{-}5)$$

式中：y_s 是总生产潜力，单位为kg；c_{zg} 为基于地面固定式种植方式的潜力影响系数；s_g 是地面农业空间总面积，单位为ha；q_g 为地面用地单位面积年总太阳辐射值，单位为W·h/ha；c_{zr} 为基于屋顶移动式种植方式的潜力影响系数；s_r 是屋顶农业空间面积；q_r 为屋顶用地单位面积年总太阳辐射值，单位为W·h/ha。

至此，得到了基于城市建成环境二维和三维特征的城市农业生产潜力计算模型。使用此计算方法，可根据城市农业用地选择的种植方式、作物自身的生理参数、场地获取的太阳辐射量，以及场地的平均温度来对其生产潜力进行计算。

4. 城市农业可食用作物生产潜力换算

通过以上公式推导可得到通过城市农业收获的作物干物质总重量，为了更直观地进行生产潜力分析对比，需要将其干物质重量进行鲜重换算。其结果主要与作物种类有关。在此引入经济系数、新鲜作物含水量，以及以年为单位的作物轮作次数三个关键数据。因此城市农业可食用作物生产潜力测算公式为：

$$y_f = n \cdot K \cdot (1 - H)^{-1}\, y \qquad (3\text{-}6)$$

式中：y_f 为考虑了城市建成环境空间特征的以可食用作物鲜重为标准的农业生产潜力，单位为kg；n 为不同作物一年内从播种到收获可重复轮作的次数，主要与作物种类和种植模式有关；K 为作物的经济系数，指作物的经济产量与生物产量之比，主要取决于作物种类；H 为新鲜作物含水量百分比，主要与作物种类有关；y 为上述所提的考虑了城市建成环境空间特征的以干物质重量为标准的农业生产潜力，单位为kg。

将上述 y_s 的计算方法（3-5）代入式（3-6）可得可食用作物生产潜力计算公式为：

$$y_f = n \cdot K \cdot (1 - H)^{-1} \cdot (c_{zg} \cdot s_g \, q_g + c_{zr} \cdot s_r \, q_r) \times 1.768 \times 10^{-8} \times (1 - \alpha - \beta)\,(1 - \gamma)\, f_t \qquad (3\text{-}7)$$

这是针对一种作物得到的公式，最后需要根据植物种类的不同分别转换，并求和。

$$y = \sum [\, n \cdot K \cdot (1 - H)^{-1} \cdot (c_{zg} \cdot s_g \, q_g + c_{zr} \cdot s_r \, q_r) \times 1.768 \times 10^{-8} \times (1 - \alpha - \beta)\,(1 - \gamma)\, f_t \,] \qquad (3\text{-}8)$$

传统的农业生产潜力研究考虑了受自然条件和人工措施影响的光、温、水、气、土等各个方面，但对于城市农业，不能简单使用传统农业潜力计算的经验值，而需要考虑城市建成环境下不同空间形态对生产潜力的影响。本节综合考虑了多方影响因素，设置项系数对公式进行修正，得到了城市农业生产潜力测算模型。

3.3 城市空间光伏生产适宜性与潜力分析方法

城市光伏生产的设备安装、运营维护及工作效率都受到周边具体环境的影响，因此，有必要结合 3.1 节获取的城市空间数据，构建城市光伏适宜性评估框架，挑选出适宜进行光伏生产的城市用地。

城市光伏选址及选型直接影响光伏潜力的评估结果。为了更准确地预测城市大规模光伏生产的潜力，本节综合已有光伏测算方法提出了光伏潜力评估指标，包括光伏置换率、光伏利用率及逐时置换率标准差，以便对光伏潜力评估方法进行说明[1]。

本书选取了呼和浩特市中心城区作为模拟评估对象，这一区域包括回民区、赛罕区、新城区、玉泉区 4 个主要行政分区。就太阳能资源而言，呼和浩特市地处东经 110°46′ ～ 112°10′、北纬 40°51′ ～ 41°8′，年太阳总辐射量为 6241.19 MJ/m²（约 1734 kW·h/m²），有效日照时数为 2599.7 h，属于我国二类太阳能资源分布地区，具备良好的光伏发展前景。

3.3.1 城市建成区分布式光伏空间适宜性评价方法

（1）光伏安装适宜性分析

在确定各城市地块光伏可利用面积之前，首先需要对各地块光伏安装的适宜性进行分析。根据我国《城市用地分类与规划建设用地标准》[48] 城市各建设用地按用地性质不同可分为 10 项大类，30 余项小类（表 3-5），其中一些城市地块类别由于地块功能、保护性需要及负荷稳定性要求，可能并不具备光伏发电的条件或不适合光伏发电技术的应用，在进行潜力评估初期应予以排除。而本节按城市光伏应用适宜性，对城市各类用地进行了如下分类。

① 不适宜光伏安装地块，主要包括有各类文物古迹用地、宗教设施用地及各类绿地与广场用地、水域

---

① 本节部分内容发表于陈思源，张玉坤，郑婕. 城市光伏潜力优化——以呼和浩特市为例 [J]. 建筑节能（中英文），2021, 49(5): 74-81.

其中前者由于自然保护或历史保护的需要对城市的文化传承具有重要作用，同时因其建筑年代久远，在建筑形态及结构设计上都存在一定的复杂性，因此对于这部分建筑的光伏应用应当关注光伏组件与其结构承载力的匹配，以及与审美需求的契合，通常需要精密的研究及设计，不具备普遍性。而后者在对城市进行生态美化的同时承担着城市防灾、安全防护及紧急避险等重要功能，因此对于这类地块，一般不推荐光伏的安装应用，或应结合其生态景观特点进行妥善设计，如城市水域、景观绿地等。

② 潜在适宜光伏利用地块，主要出于光伏供电的不稳定性及不同建筑对供电质量要求的差异性两方面的考虑

依据不同功能建筑对供电可靠性的要求及中断供电对人身安全、经济损失所造成影响程度的不同，可分为 3 个负荷等级。其中一级负荷由于在中断电力供应时将影响重要用电单位正常运行，造成重大经济损失及人员伤亡，因此对供电系统的稳定性及可靠性都提出了严苛的设计要求。一般采用双重电源供电并增设应急电源且允许中断供电时间通常为 15 秒以内[49]。主要包括特大型火车站、民用机场、市（地区）级以上气象台站、电视台、县（区）级以上医院、高等学校重要实验室及其他各类城市重要建筑等[50]。对于这类建筑地块的光伏应用，应当注重保障电力系统的安全性及可靠性，将光伏不稳定性因素纳入考虑范围，在技术条件允许的情况下具有潜在光伏应用可能。

③ 适宜光伏安装地块，这类地块为除以上两点考虑因素之外的其他一般性城市建筑地块

在供电质量要求相对较低的情况下，可以通过建筑屋顶、立面及地块其他区域妥善安装光伏，并与城市配电网及少量储能设施配合，形成稳定可靠的电力输出，提升可再生能源消费占比。

本节拟选用的城市光伏安装适宜性区域为一般性地块的建筑屋顶、建筑南立面及其地面停车场用地。不包含铁路用地、机场用地等潜在适宜光伏利用地块，以及文物古迹用地及绿地与广场用地等不适宜光伏安装地块，详见表3-5。

（2）屋顶光伏可利用面积评估

城市各类建筑屋顶是光伏应用的主要区域，但由于城市建筑设计形态的差异，

表 3-5 城市建设用地光伏适宜性分类

大类	中类	小类	名称	一级负荷	二级负荷	三级负荷
			公共管理与公共服务用地			
A	A1		行政办公用地	—	适宜	适宜
	A2		文化设施用地	—	适宜	适宜
	A3		教育科研用地	—	适宜	适宜
		A33	中小学用地	—	适宜	适宜
	A4		体育用地	潜在适宜	—	—
	A5		医疗卫生用地	—	适宜	适宜
	A6		社会福利设施用地	—	适宜	适宜
	A7		文物古迹用地	不适宜	—	—
	A9		宗教设施用地	不适宜	—	—
			商业服务业设施用地			
B			商业用地			
	B1	B11	零售商业用地	—	适宜	适宜
		B12	批发市场用地	—	适宜	适宜
		B13	餐饮用地	—	适宜	适宜
		B14	旅馆用地	—	适宜	适宜
	B2		商务办公用地	—	适宜	适宜
	B3		娱乐康体设施用地	—	适宜	适宜
	B4		公用设施营业网点用地	—	适宜	适宜
		B41	加油加气站用地	潜在适宜	—	—
E			非建设用地			
	E1		水域	不适宜	—	—
G			绿地与广场用地			
	G1		公园绿地	不适宜	—	—
	G2		防护绿地	不适宜	—	—
	G3		广场用地	不适宜	—	—
H			建设用地			
			区域交通设施用地			
	H2	H21	铁路用地	潜在适宜	—	—
		H24	机场用地	潜在适宜	—	—
	H4		特殊用地	潜在适宜	—	—
M			工业用地			
	M1		一类工业用地	—	适宜	适宜
	M2		二类工业用地	—	适宜	适宜
	M3		三类工业用地	—	适宜	适宜
R			居住用地	—	适宜	适宜
S			道路与交通设施用地			
	S3		交通枢纽用地	潜在适宜	适宜	适宜
			交通场站用地			
	S4	S41	公共交通设施用地	—	适宜	适宜
		S42	社会停车场用地	—	适宜	适宜
U			公用设施用地	—	适宜	适宜
W			物流仓储用地	—	适宜	适宜
	W1		一类物流仓储用地	—	适宜	适宜

建筑屋顶形态也呈现出多样化的趋势。一般按形态不同可分为平屋顶、坡屋顶及复杂屋顶。除此之外，如楼梯间、女儿墙、通风井等建筑构造及维护结构也会进一步减少屋顶光伏安装的可利用面积。对于具体建筑，其可利用屋面面积可利用软件模拟或人工筛选实现，但对于较大范围城市区域而言则通常以屋顶光伏利用系数（K_r）计算得出。关于屋顶光伏利用系数的取值，国内外学者做了大量的研究，这里的取值参考了张华 2017 年的研究结果（表 3-6）[51]。因其给出的各项指标综合考虑了用地周边环境阴影遮挡、不同用地类别建筑布局方式差异所导致的阴影遮挡及单体建筑自身阴影遮挡等因素对屋顶光伏利用系数取值的影响，相对更具科学性及准确性。除此之外，在屋顶面积及屋顶类别的判定上，也沿用了该研究的方法，即将所有屋顶简化为平屋顶进行计算且假定各地块建筑屋面投影面积等于建筑占地面积。因此，各地块建筑屋顶光伏可利用面积（S_r）可由式 3-9 计算得出。

$$S_r = BD \cdot A \cdot K_r \qquad (3\text{-}9)$$

式中：S_r 为城市某地块建筑屋顶光伏可利用面积，单位为 m²；BD 为城市某地块调整后拟定建筑密度，单位为%；A 为城市某地块用地面积，单位为 m²；K_r 为城市某地块类型所对应的屋顶光伏利用系数。

表 3-6　屋顶光伏利用系数一览及本书取值

用地类别		城市因素折减率	地块因素折减率	单体因素折减率	屋顶光伏利用系数(K_r)	平均值（K_r）本书取值
居住建筑	低层住宅区	1	1	0.3～0.5	0.3～0.5	0.4
	多层住宅区	0.85～1	0.95～0.98	0.55～0.7	0.44～0.69	0.57
	高层住宅区	0.9～1	0.7～0.95	0.4～0.6	0.25～0.57	0.41
多层公共建筑		1	1	0.7～0.85	0.7～0.85	0.78
高层公共建筑		0.85～1	0.51～0.8	0.5～0.7	0.22～0.56	0.39
单、低层工业建筑		1	1	0.8～0.9	0.8～0.9	0.85

资料来源：张华. 城市建筑屋顶光伏利用潜力评估研究 [D]. 天津：天津大学，2017.

（3）立面光伏可利用面积评估

城市各地块建筑的南立面因朝向较好，可获得更多的太阳辐射，成为城市中光伏组件安装的另一理想区域。由于研究对象（呼和浩特市）城市 Lidar 数据信息的不完整性，本书结合一般城市建筑布局特征将各地块区域分为多栋联排式、独栋 / 塔式两种布局方式，以简化复杂的城市建筑形态变化，如图 3-17 所示。其中前者适用于平均建筑层数（f）为 10 层以下的低多层 / 小高层等一般性用地性质，而后者则适用于如商业建筑、批发市场等单独建筑布置的用地性质及平均建筑层数（f）在 10 层以上的高层塔式布局用地性质。

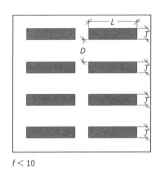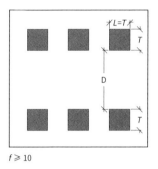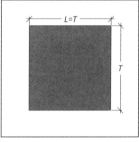

$f < 10$ $f \geqslant 10$ 用地性质：B11，B12，B3，S3，M，W

图 3-17　简化城市地块建筑布局平面：多栋联排式布局（左）、塔式布局（中）、独栋布局（右）
（图片来源：课题组陈思源绘制）

为减少计算量，对城市各性质用地作出了如下假设。各地块建筑布局朝向的方位角均为南向，以保障其南立面最大限度获取太阳辐射；相同用地性质地块采用多栋联排式布局时，各建筑拥有相同的建筑进深（T）；出于节能考虑，独栋 / 塔式布局的建筑拥有相同的建筑进深（T）与面宽（L）以确保其建筑体型系数最小[52]；而单层布置的工业厂房及各类物流仓库的立面由于排风及货物进出口要求可能不适宜光伏安装，故暂不考虑其用于光伏安装的可能。其中各类建筑一般性进深（T）与层高（h）的取值来自相关规范、设计条例及设计经验值，如表 3-7 所示。城市各地块南立面面积可用式（3-10）、式（3-11）进行大致评估统计。

多栋联排式布局南立面面积统计：

$$S_n = f \cdot h \cdot \frac{A_r}{T} \tag{3-10}$$

表 3-7 本书中各类建筑进深（T）与层高（h）取值

用地性质	用地编码	一般层高（h）平均值 /m	一般进深（T）
行政办公用地	A1	3.9	16 m
文化设施用地	A2	4.2	16 m
教育科研用地	A3	3.9	18 m
中小学用地	A33	3	10 m
医疗卫生用地	A5	3	24 m
社会福利设施用地	A6	3.6	16 m
零售商业用地	B11	4.5	独栋布局 $T=L$
商业 / 旅馆混合用地	B11/B14	3.9	20 m
商业 / 办公混合用地	B11/B2	3.9	16 m
批发市场用地	B12	4.5	独栋布局 $T=L$
旅馆用地	B14	3.9	20 m
商务办公用地	B2	3.9	16 m
娱乐康体用地	B3	4.5	独栋布局 $T=L$
公用设施营业网点用地	B4	3.9	18 m
其他服务设施用地	B9	3.9	18 m
工业用地	M1	6	独栋布局 $T=L$
居住用地	R	3	15 m
居住 / 商业混合用地	R/B11	3.2	15 m
综合交通枢纽用地	S3	4.5	独栋布局 $T=L$
仓储物流用地	W	6	独栋布局 $T=L$

资料来源：作者整理自相关设计规范 [53][54]。

独栋 / 塔式布局南立面面积统计：

$$S_n = f \cdot h \cdot \sqrt{A_r} \tag{3-11}$$

式中：S_n 为某地块南立面面积统计值，单位为 m²；f 为某地块拟定建筑层数；h 为某地块按用地性质选取的一般建筑层高，单位为 m；A_r 为某地块屋顶面积/占地面积，单位为 m²；T 为某地块按用地性质选取的一般建筑进深，单位为 m。

在对各地块南立面面积进行评估统计后，可进一步对其南立面光伏可利用面积进行计算。在具体分析时，考虑建筑立面开窗及同地块内建筑间阴影遮挡所造成的不适宜光伏安装影响因素，以立面开窗折减系数（K_f）及立面阴影折减系数（K_s）进行描述。即各地块南立面光伏可利用面积（S_f）可表述为：

$$S_f = S_n \cdot K_f \cdot K_s \qquad (3\text{-}12)$$

其中关于 K_f 的取值忽略了建筑立面如遮阳、出挑等凹凸变化所产生的阴影遮挡影响，仅以窗墙面积比进行计算得出，结合呼和浩特地理区位并参考《严寒和寒冷地区居住建筑节能设计标准》[55] 及《公共建筑节能设计标准》[56] 中有关规定（窗墙面积比约为 0.45），拟定 K_f 对于一般性建筑取值为 0.55，而对于商业建筑，由于立面多用于布置广告牌进行商品展示，对采光要求较低，因此其 K_f 取值为 1。但值得注意的是，对于一般商业建筑地块（B11）或含商业功能在内的混合地块（B11/B14、B11/B2、R/B11）中商业建筑部分的 1～2 层，通常由于其极高的商业价值，要求在设计形式上具有良好的开放性、可达性及通透性，所以考虑其并不适合光伏组件的安装，在评估光伏可利用立面面积时应当予以排除。即式（3-10）、式（3-11）中各商业及含商业的混合地块中拟定建筑层数（f）的取值应当考虑减去 1～2 层，以得到更为符合实际情况的计算结果。

（4）地面停车场光伏可利用面积评估

除城市各地块建筑屋顶及南立面外，本节还考虑了城市中各类社会停车场、公交场站及各地块内地面停车区域上空未来可进行光伏应用的可能。其具体设计形式为各类太阳能光伏雨棚，它们在实现光伏产电的同时还可为车辆遮阳挡雨，目前已在国外得到了广泛的商业化应用。在光伏可利用面积的统计上，考虑了占停车场用地面积约 10% 的不适宜区域（如停车场内部道路、管理用地等），以及 20% 的雨棚面积无法用于光伏安装，最终各类停车场用地的光伏可利用面积可由式（3-13）表示。

$$S_t = 0.72 \cdot A \cdot P \qquad (3\text{-}13)$$

式中：S_t 为某地块停车场光伏可利用面积，单位为m²；A 为某地块用地面积，单位为 m²；P 为某地块地面停车用地率，假设社会停车场及公交场站的地面停车用地率为 100%。

呼和浩特市各地块总计光伏可利用面积如图 3-18 所示。

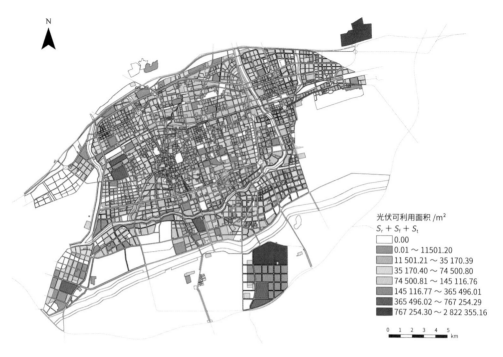

图 3-18　呼和浩特市各地块总计光伏可利用面积（屋顶、南立面及地面停车区域）

（图片来源：课题组陈思源绘制）

3.3.2　城市建成区分布式光伏利用评估模型

通过提高"自发自用"程度，减少对储能设施的依赖，是提升城市微电网可靠性、保障城市配电网络安全性的基本要求。这一点对于城市建成区分布式光伏利用尤为重要。既有城市光伏评估指标及方法，主要反映为城市各区域光伏装机面积、总装机容量等与建筑面积、区域人口总数、区域地块用地面积的比例关系，多以光伏发电生产潜能的提升为主要目的，就能源供需关系及时空变异维度的考虑存在明显的不足。为有效促进城市光伏空间规划工作，本节提出了一种基于光伏置换率、光伏利用率及光伏利用稳定程度的光伏利用评估方法（substitution-utilization-stability PV assessment），以综合反映城市各地块区域进行光伏应用整合后的运行状况。

1. SUS 光伏潜力评估指标

（1）光伏置换率（ESR）

本书对既有光伏潜力评估指标进行了改进，考虑光伏电力消纳的时序性和实际情况，以反映城市各区域在进行光伏整合应用后，可再生能源对传统电力消耗的替代程度，即自发自用程度，提出了"光伏置换率"（ESR，energy substitution rate）的概念。光伏置换率是指城市某地块区域内各时刻光伏电力消纳量总和与各时刻用电负荷总量之比，整体光伏置换率是各逐时光伏置换率之和：

$$\mathrm{ESR} = \sum \mathrm{ESR}_i = \frac{\sum\limits_{i}^{n} \mathrm{Pe}_i}{\sum\limits_{i}^{n} \mathrm{Load}_i} \qquad (3\text{-}14)$$

式中：ESR_i 为城市某地块区域于第 i 个时刻的光伏置换率（逐时光伏置换率），单位为%；ESR 为城市某地块区域的0点—23点时段内的总体光伏置换率，单位为%；Pe_i 为城市某地块区域第 i 个时刻光伏所产电力的消纳量，单位为kW·h；Load_i 为城市某地块区域第 i 个时刻的用电负荷，单位为kW·h。

　　光伏置换率反映光伏电力消纳量与城市用电负荷之间的总体关系及逐时关系。当该地块第 i 个时刻的光伏发电量（PV_i）大于用电负荷需求（Load_i）时，$\mathrm{Pe}_i =$ Load_i，即剩余电力将输送至城市电网，否则 $\mathrm{Pe}_i = \mathrm{PV}_i$，即其所产电力将全部用于消纳。该指标立足于可再生能源结构转型的核心目标，即减少化石能源消耗，用以直观反映城市各区域在应用光伏发电后对于传统能源消耗的替代程度。此外，由于光伏电力输出仅为白天时段，因此本书仅以昼间光伏置换率（ESR_d）对其进行表述。

　　（2）光伏利用率（PUR）

　　除了对传统能源的置换程度的考量之外，因建筑功能的不同（如居住、办公、商业等差异），城市各区域所反映出的日负荷曲线规律也会发生相应变化。而在进行光伏安装后，对于相同装机容量（相同成本）的光伏组件，不同城市地块也呈现出不同的利用程度。如何实现光伏组件的经济化利用，用最少的安装成本实现最大化的光伏置换依旧是当今城市规划者们应当考虑的重要问题。就此，我们引用了光伏利用率[57]（PUR，PV utilization ration），城市某地块内各时刻光伏电力消纳量总和与其理论光伏发电总量之比，其计算公式如下：

$$\mathrm{PUR} = \frac{\sum\limits_{i}^{n} \mathrm{Pe}_i}{C \cdot T} \qquad (3\text{-}15)$$

式中：PUR 为城市某地块区域的光伏利用率，单位为%；Pe_i 为城市某地块区域第 i 个时刻光伏所产电力的消纳量，单位为kW·h；C为城市某地块区域的光伏装机容量，单位为kW；T为城市某地块区域的光伏组件的理论工作时间，单位为h。

该指标可反映光伏组件的经济化利用程度，在相同系统成本投入情况下，光伏利用率越高，其系统的经济收益越大。

（3）逐时置换率标准差（Stdev）

光伏发电技术因受气候变化因素影响较大，其产电输出随天气及时间变化呈现出极大的波动性，而这种不稳定性具体可反映为逐时光伏置换率（ESR_i）随时间推进所产生的变化。通常逐时光伏置换率所表现出的不稳定性状况可通过配备一定的储能设施得以改善，但过于频繁及大幅度产电输出变化会导致储能规模需求的增加并对火电调峰能力提出更为严格的要求。因此，有效协调光伏发电置换与传统能源供给之间的关系，对于保障城市的整体供电质量有着重要的意义。就此，本书提出以逐时置换率标准差（Stdev, standard deviation）来反映各城市地块应用光伏后的供电稳定性，标准差计算见式（3-16）：

$$\text{Stdev} = \sqrt{\frac{1}{n} \cdot \sum_{i}^{n} (\text{ESR}_i - R_i)^2} \tag{3-16}$$

式中：Stdev为城市某地块区域逐时光伏置换率的标准差，单位为%；ESR_i为城市某地块区域于第i个时刻的光伏置换率（逐时光伏置换率），单位为%；R_i为城市某地块区域逐时光伏置换率的算数平均值，单位为%；n为该地块光伏可利用时段的发电小时数。

Stdev反映了城市某地应用光伏后逐时置换率变化的离散程度，这一指标越大，其产电输出变化越频繁及大幅度产出输出变化越大（反映为逐时的光伏发电量占逐时负荷需求比重的变化幅度大），进而导致储能规模需求的增加，并对电网调节能力提出更严格的要求。

除此之外，综合考虑我国火电机组最小技术出力发展目标及其他可再生能源利用，最终本书确定以40%的昼间光伏置换率（ESR_d）作为衡量某一城市地块光伏占比的最佳标准，即白天光伏可利用发电时段，煤电等传统电力供应维持在40%的最小技术出力及20%的其他可再生能源占比（包含集中式光伏），剩余40%负荷需求可通过光伏与少量储能设备结合（平稳电压）进行供应。

2. SUS 光伏潜力评估步骤

SUS 光伏潜力评估主要包括基础数据收集、数据处理、SUS 指标计算及规划调整与策略制定 4 个步骤（图 3-19）。基础数据收集部分包括：各类建筑日负荷率曲线及其峰值负荷密度等城市负荷信息数据，建筑容积率、建筑密度及各建筑功能配电等城市模型信息数据，年日照时数、年逐时日照辐射强度等城市气象信息数据。计算得出各地块相应逐时负荷需求及逐时光伏发电量，并在此基础上分别计算各地块的 ESR、PUR、Stdev 指标，最后通过对三个指标的分类、分析，评定各地块光伏应用优先级，决定哪些地块的功能形态更适宜未来能源结构转型需要，对光伏发展不利的地块进行区位布局及规划调整，并以此达到优化城市整体光伏利用的目的。

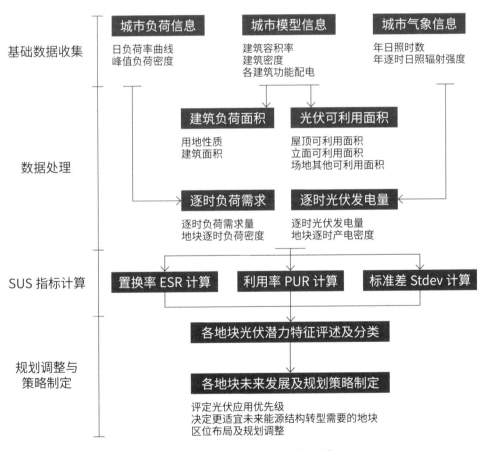

图 3-19　SUS 光伏潜力评估步骤示意

（图片来源：课题组陈思源绘制）

3. 光伏逐时产电量评估

在已知城市各地块光伏可利用面积的情况下，我们可以对各区域的逐时产电量进行评估计算。考虑未来城市分布式光伏装机的可行性，本书选取了目前较为常见且性价比较高的多晶硅太阳能电池组件（平均光电转换效率约16%）进行计算，具体选用组件技术参数如表3-8所示。并假定城市各地块建筑屋顶、立面、地面停车区域均采用目前较为常见的倾斜安装按正南朝向排布方式进行光伏应用。在光伏安装最佳倾斜角度（β）选择上依据《光伏发电站设计规范》[57]中并网系统为当地纬度减3的有关规定取值为37.78°（取呼和浩特纬度为40.78°）。

表3-8 选用的多晶硅太阳能电池组件主要技术参数

项目类别	技术参数	单位
组件型号	JKM270PP-60-DV	—
组件重量	20	kg
组件尺寸	1646×992×8	mm
组件面积	1.63	m²
峰值功率	270	Wp
光电转换效率	16.54	%

资料来源：www.jinkosolar.com.

（1）单位面积装机容量

在单位面积装机容量（Cp）的统计上本书采用了估算的方式。参考《光伏发电站设计规范》及《建筑光伏系统应用技术标准》[58]关于光伏日照时数的相关规定，光伏组件的安装间距是根据全年最不利时间点确定的，但由于水平面和垂直面安装阴影遮挡方式的不同，对于水平面光伏安装（屋顶、各类地面停车区域）和立面光伏安装，本书分别选取了两个不同的全年最不利时间点，以评估其各自的光伏组件排布间距、光伏覆盖程度及单位面积装机容量。其中水平面安装选用冬至日9：00 / 15：00，以确保全年光伏组件利用的最大化，这主要是因为冬至日太阳高度角最小，保障该日9：00—15：00时段内（6小时）光伏组件的可利用即可满足全年组件利用的最大化。而关于立面的倾斜光伏安装方式，目前尚无明确规范对其最佳组件矩阵间距进行规定。但考虑其阴影遮挡主要来自阵列间的垂直投射，太阳高度角越大，其阴影遮挡越严重，故本书以夏至日正午 12：00 作为立面垂直光伏阵列间距的最不利时间点，以确保组件间全年时段内最少的阴影遮挡。依据本书拟用参数条件，呼和浩特市水平面及立面单位可利用面积可实现光伏装机容量分别为 158 W/m² 和 53 W/m²。

（2）逐时发电量计算

在已知水平面和立面的单位面积装机容量后，可进一步对光伏的单位面积逐时发电量进行计算。在计算方法上，这里选取 EnergyPlus 提供的呼和浩特市 2019 年 1 月 1 日 0：00 至 2019 年 12 月 31 日 23：00 时段内逐时气象预测数据，并结合美国可再生能源实验室（NREL）提供的 SAM（system advisor model）光伏模型分析软件对呼和浩特市水平面及立面单位面积全年逐时光伏输出功率变化情况进行了分析（图 3-20）。

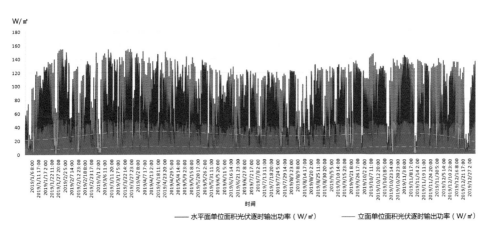

图 3-20　呼和浩特水平面和立面单位面积全年逐时光伏输出功率
（图片来源：课题组陈思源绘制）

结果显示，全年总体变化情况除 3 至 5 月和 9 至 11 月，两个时段光伏产电量略有增加外，全年整体变化幅度仍趋于稳定，图中虚线为这种趋势变化的 6 阶多项式回归分析结果，同时，水平面光伏装机年单位面积产电量约 253 kW·h，立面光伏装机年单位面积产电量约 85 kW·h，均体现出呼和浩特市具有良好的太阳能日照辐射资源，在资源丰富度和全年整体稳定性上体现出极大的优势，具备规模化应用光伏发电的潜力优势。但值得注意的是，受不稳定性和间歇性影响，单位面积的逐时光伏输出变化情况仍在各日间体现出较大的差异性，而本书所提出的 SUS 光伏潜力评估方法，旨在通过光伏置换率、光伏利用率和供电稳定性三个指标对城市各地块光伏应用情况做出综合判断，以指导未来城市规划调整，因此需要拟定一个标准的日光伏逐时输出曲线以反映城市的一般性光伏输出变化特征规律。基于这种考虑，可以利用 SPSS 软件，以日为单位对呼和浩特市全年单位面积逐时光伏输出情况进行 *k*-means 聚类分析，对具有相似逐时光伏输出变化的特征的日（天）进行归类。通过这种聚类（*k*=10），可得到一个有 10 个分类的聚类结果（如图 3-21 所示，按出现天数降序排列）。

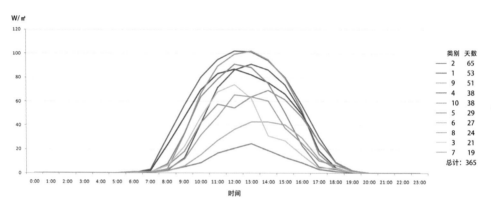

图 3-21　水平面全年单位面积日逐时光伏输出变化情况分类结果（聚类中心）
（图片来源：课题组陈思源绘制）

其中 5、6、8、3、7 类为受阴雨等气候因素影响较重情况，其逐时光伏发电功率在不同时段有所降低，而 2、1、9、4、10 为典型的晴天光伏逐时发电情况，发电功率受天气影响较小。除此之外，后五类累计天数的总和为 245 天，约占全年天数的 67.12%，在一年当中出现频率较高。因此我们以这五类曲线各时间点单位面积光伏发电输出的平均值作为本书拟定的标准日单位面积光伏逐时输出功率曲线，以反映当地全年的大多数情况（结果见图 3-22）。随后可进一步根据单位面积装机容量和各地块屋顶光伏、立面光伏、地面停车区域光伏的可利用面积计算得出各地块的总光伏装机容量、光伏逐时发电总量和光伏逐时发电密度等各项数据，如式（3-17）～式（3-19）所示。

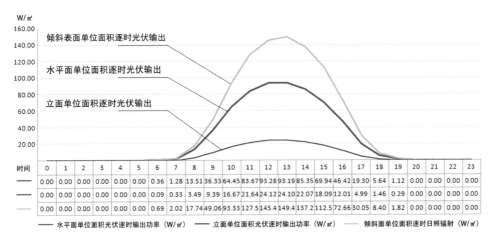

图 3-22 本节拟用的标准日单位面积光伏逐时输出功率曲线

（图片来源：课题组陈思源绘制）

各地块总光伏装机容量评估：

$$C = S_r \cdot C_{ph} + S_f \cdot C_{pv} + S_t \cdot C_{ph} \tag{3-17}$$

各地块光伏逐时发电总量评估：

$$PV_i = \frac{S_r \cdot O_{ph_i} + S_f \cdot O_{pv_i} + S_t \cdot O_{ph_i}}{1000} \tag{3-18}$$

各地块光伏逐时发电密度评估：

$$PV_{d_i} = \frac{1000 \cdot PV_i}{A} \tag{3-19}$$

式中：C 为某地块总光伏装机容量，单位为 W；C_{ph} 为拟定区域水平面的单位面积装机容量估算值，单位为 W/m²；C_{pv} 为拟定区域立面的单位面积装机容量估算值，单位为 W/m²；S_r 为某地块建筑屋顶光伏可利用面积，单位为 m²；S_f 为某地块建筑立面（南）光伏可利用面积，单位为 m²；S_t 为某地块地面停车区域光伏可利用面积，单位为 m²；PV_i 为某地块区域第 i 个时刻的光伏发电量，单位为 kW·h；O_{ph_i} 为第 i 个时刻水平面的单位面积光伏输出功率，见图3-22，单位为 W/m²；O_{pv_i} 为第 i 个时刻立面的单位面积光伏输出功率，单位为 W/m²；PV_{d_i} 为某地块区域第 i 个时刻的光伏发电密度，单位为 W/m²；A 为城市某地块用地面积，单位为 m²。

4. 逐时用电负荷评估

城市各类建筑日负荷变化情况可用其日逐时负荷率曲线进行反映，其中逐时负荷率（Lr_i）为各类建筑各时刻用电负荷功率与其最大负荷峰值功率之比。日用电负荷率的变化与使用者用电行为密切相关，而通常在不考虑城市地域差异的细微影响下，同类建筑功能的日负荷率曲线具有相似的规律性。因此，本书以国家电网沈阳供电公司提供的 290 份建筑或地块样本 2019 年 1 月 19 日逐时变压器电表读数为依据，通过聚类分析按不同建筑功能负荷变化，提取其中具有代表性的聚类中心，作为本书拟用的各类建筑标准日负荷率曲线（图 3-23）。之后，以逐时负荷率（Lr_i）、各地块建筑面积（A_b）及其对应建筑功能的峰值负荷密度（Ld）、同时系数（Kt）、需用系数（Kd）等相关参数可对各地块逐时用电负荷做出评估，如式（3-20）所示。其中，Ld、Kt、Kd 取值来自国内各地方有关规范和技术标准，以其平均水平作为本书的取值参考（表 3-9）。

$$Load_i = Lr_i \cdot Ld \cdot Kt \cdot Kd \cdot A_b \qquad (3\text{-}20)$$

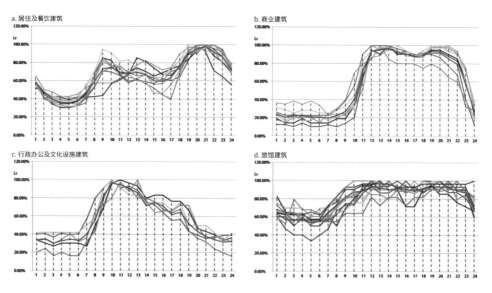

图 3-23　本节拟用的各类建筑标准日负荷率曲线（部分）

（图片来源：课题组陈思源绘制）

表 3-9　主要评估参数取值（部分）

用地性质	平均层高 h/m	平均进深 T	屋顶光伏利用系数 Kr		峰值负荷密度 Ld/（W/m²）	同时系数 Kt	需用系数 Kd
居住	3	15 m	多层 0.57	高层 0.41	55.00	0.95	0.43
商业	4.5	独栋 $T=L$	0.78		96.00	0.98	0.85
旅馆	3.9	20 m	多层 0.78	高层 0.39	70.00	0.98	0.85
商务办公	3.9	16 m	多层 0.78	高层 0.39	81.00	0.98	0.85
一类工业	6	独栋 $T=L$	0.85		53.71	0.97	0.35
二类工业	6	独栋 $T=L$	0.85		59.43	0.97	0.38
物流仓储	6	独栋 $T=L$	0.85		24.60	0.95	0.38
取值参考	参考文献 [53] [54]		参考文献 [51]		参考文献 [59] [60] [61] [62] [63]	参考文献 [64]	参考文献 [61]

资料来源：www.jinkosolar.com

5. 评估结果

将评估结果分别代入上述公式，可对呼和浩特市中心城区各地块应用光伏后日用电特征变化情况作出大致评估。结合 ArcGIS 地理信息系统，其评估结果可得到更为直观的表述（见图 3-24）[65]。

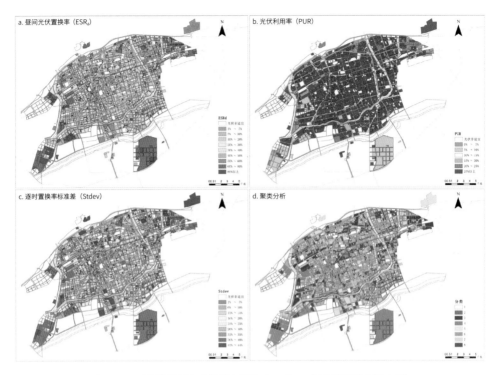

图 3-24　呼和浩特城市光伏潜力评估（a，b，c）及其聚类分析（d）

（图片来源：课题组陈思源绘制）

4

生态节地效益测算与决策方法

4.1 绿色生产的生态节地效益测算方法

4.1.1 生态节地效益测算方法概述

生态节地效益的测算方法可以参考生态城市和城市生态承载力的效益计算方法。生态城市的评价模型和评价方法可分三类：反映经济学、社会学、生态学等领域的价值核算类；反映整体循环结构、正负反馈的系统组织类；反映不同领域、体系较大、非连续、低联系因素的综合指标类。城市生态承载力测度方法包括生态足迹法[1]（ecological footprint，EF）、系统动力学法（system dynamics，SD）、综合评价指标法、净初级生产力法（net primary productivity，NPP）、供需平衡法、能值分析法[2]等，可针对不同城市的生态现状和研究目的来选择（表4-1）。

1. 生态足迹法

生态足迹法是目前（城市）生态承载力量化评价监测中应用最多的方法。它通过估计维持人类（从个体到全球范围）生存能持续地提供资源或消纳废物所需的生物生产性土地面积，对全球资源进行统一描述。由于其通俗易懂、直观、可纵横比较（反映不同空间尺度上和时间节点上的资源供给能力、消耗总量、强度阈值）的优势，受到政府部门、研究机构的广泛关注并被广泛应用[3]。例如，从城市可持续发展[4]、能源配置[5]、景观格局[6]、社会经济指数[7]等角度进行生态足迹计算。另外还可利用生态版图法[8]、能值分析法[9]、净初级生产力法[10]等改进生态足迹的组合方法。

相较于其他方法，生态足迹法的优点在于：引入生态生产性土地（ecologically productive land）概念统一描述各种自然资源；引入等价因子和生产力系数实现量化数据结算和对比；生态赤字或盈余状态一目了然，便于理解；应用范围广泛（对象、时间、空间）的可持续性度量研究；为城市生态承载力的分布格局、空间潜力提供基础。它的缺点包括：时间断面资料难以支持连续动态研究，现状静态数据结果并不能反映未来发展趋势；数据稀缺不易获取，导致转化因子（产量因子和均衡因子）难以确定，通常沿用过去的或更大区域的研究成果；对系统内要素间的关系，以及系统外的某些生态效应的研究较少。

表 4-1　生态城市和城市生态承载力的评价类型

分类	生态城市的评价模型和评价方法		城市生态承载力测度方法
价值核算	• 基于经济学的模型（常规循环、物料和能量平衡、损耗-污染[①]） • 社会财富的多资本模型[②]	• 生态足迹法[③] • 生命周期法[④] • 真实储蓄率法[⑤]	• 生态足迹法 • 净初级生产力法[⑥] • 能值分析法[⑦]
系统组织	• 压力-状态-（影响）-响应模型 • 人类-生态系统福利模型[⑧]	—	• 系统动力学法[⑨] • 供需平衡法
综合指标	• 三成分模型[⑩]（社会经济环境）	• 多指标综合评价法[⑪]	• 综合评价指标法

① 损耗-污染模型目前在基于经济学的模型中占主要地位，将循环经济系统（生产和生活）与自然生命支持系统（空气、水、能量、动植物、原材料和其他环境要素）关联起来。

② 最佳应用实例是世界银行采用的四类资本（人造资本、自然资本、人力资本和社会资本）计算方法。

③ 生态足迹法是由加拿大不列颠哥伦比亚大学规划与资源生态学教授里斯（Willian E. Rees）及其学生瓦克纳格尔（Mathis Wachernagel）在 1992 年提出的。后者不断对此方法进行进一步完善，现为全球足迹网络（Global Footprint Network）总裁。

④ 生命周期法源自基于经济学的物质-能量平衡模型，国际标准化组织（ISO）在 ISO 14040 中将其定义为：对产品系统在整个生命周期中的输入输出和潜在环境影响的汇编和评价。

⑤ 真实储蓄是净储蓄减去自然资源损耗和环境退化的价值，通过货币度量国家或地区总资本存量的变化以说明环境与经济的相互关系。真实储蓄率是真实储蓄的时间变化率，大于零时才有可能保持国民经济可持续发展的消费水平，其大小体现了未来的潜力。

⑥ 净初级生产力法是在单位时间和单位面积的植物叶片上，光合作用产生有机物质与呼吸作用消耗营养量间的差值。NPP 奠定了物质与能量转换基础。

⑦ 能值分析法是由霍华德·T. 奥德姆（Howard T. Odum）创立的生态经济系统研究理论和方法，是在传统能力分析基础上把各种形式的能量转化为统一单位（太阳能焦耳）。

⑧ 人类-生态系统福利模型包括 4 个领域：生态系统指标评估生态福利；相互作用指标评估生态效益和压力流；人口指标评估人类福利；综合指标评估系统特征，以及为当前和预测分析提供综合观点。该模式的原型是加拿大国家环境与经济圆桌会议的可持续发展指标体系。

⑨ 系统动力学法由美国麻省理工学院（MIT）的福瑞斯特（J. W. Forrester）教授在 1956 年提出，是用于分析生产管理及库存管理等工业和企业问题的系统仿真方法，最初叫工业动态学。它是一门研究信息反馈系统、认识系统问题和解决系统问题的交叉综合学科。

⑩ 三成分模型的典型例子有加拿大阿尔伯特可持续性指数、可持续的西雅图指标体系、我国王如松的"社会-经济-自然"相协调城市生态系统及在此基础上发展的一系列指标体系等。

⑪ 多指标综合评价法涉及社会、经济、资源和环境等方面的众多因素并将其整合为无量纲指标。

2. 系统动力学法

系统动力学法作为系统模型法①之一也是目前应用较为广泛的方法，从引入工业动态学发展到城市动力学[11]。它是针对开放系统而建立，结合定性与定量的方法调整不良结构，以最大限度避免逻辑层面错误，便于学科交叉研究的方法。它通过模仿"流"（flow）在系统回路中的叠加和反馈为决策者提供微分方程量化手段，不仅用于模拟简单微观系统，也可处理社会经济系统中复杂多变、高阶、非线性、多变量、多重反馈的问题[12, 13]。而这恰好与城市生态系统结构、功能和要素互为因果的反馈特点相契合，因此推动了其在城市生态承载力方面的发展[14]。系统动力学法在 20 世纪 70 年代传入我国后，被应用于城市的资源能源环境[15]、经济发展情景[16]、虚拟生态足迹概念[17]等方面。1990 年，英国提出了提高承载能力的策略模型（ECCO），采用系统动力学方法来衡量人口与资源环境的平衡关系，该模型已在许多国家应用并得到联合国开发计划署（UNDP）的认可[18]。

相较于其他方法，系统动力学法的优点在于：通过仿真模拟能够描述社会、经济、生态各系统之间的因果反馈关系；微分方程可根据不同城市的情况改变；改变系统参数可模拟执行效果，动态预测为决策规划的修正和选择提供科学依据；模型建构可与各种数理统计法结合以增加合理性[19]。它的缺点包括：数据时间序列结合 GIS 空间分布的研究薄弱；建模误差随时间推移累加影响结果，限制预测周期不宜过长；构建针对某地的一次性模型不具备广泛适用性和经济性。

3. 综合评价指标法

综合评价指标法通过构建一个涵盖社会、经济、生态各方面的要素，又具有时空可比性的多层次指标体系②，对各指标或提取的主成分，进行加权求和，得到生态承载力的绝对或相对评价值[20]。城市生态承载力综合评价指标体系有三种主流分类方式（图 4-1）：按承载方式分为"支撑力 – 压力"[21]或"弹力 – 支撑力 – 压力"[22]；按指标属性分为"自然生态 – 人类社会"[23]或"资源 – 环境 – 人类"[24]；将两者统

---

① 系统模型是对一个系统某方面本质属性的描述，它以某种确定的形式（如图表、实物和数学公式等）提供关于该系统的知识。系统模型法主要分为两类：系统动力学模型法和统计学模型法。
② 构建指标体系需要遵循以下原则：科学性、综合性、区域性、动态性、系统性。

一，即在第二种分类后又进行第一种再分类[25]，或其他"发展度－支撑度－生态弹性度"[26]。当然，必须有相契合的计量模型与指标体系相结合才能达到最理想的效果。常见的包括：承压度测算法定量描述区域内客观承载力和生产生活的压力[27]；免疫学模型类似于生物体将承载力分为天然性和获得性[28]；状态空间法用三个相互垂直轴线的状态空间向量表示①[29, 30]；主成分分析法和因子分析法②都是利用相关系数矩阵在较少信息损失的情况下将多个变量转化为少数综合变量[31]；其他模型[32, 33]或采用子系统的加权和代数式。

图 4-1　城市生态承载力综合评价指标体系的三种主流分类方式

（图片来源：作者自制）

综合评价指标法（承压度测算法、免疫学模型、状态空间法、主成分分析法和因子分析法，以及其他代数式）覆盖范围广且考虑因素较全面，选取指标和模型的评价方法较灵活，可用于结构功能较复杂区域。它的缺点包括：尚未形成可普遍使用的城市生态承载力评价指标体系，易因追求指标全面性而忽视结果准确性；部分数据由于专业性较强或者尺度较小而难以收集[34]；部分评价指标过于老旧，须随时代变化和政策要求进行更新；指标系统间的动态交互反馈困难；运算过程的模型难以统一导致计算结果存在差异。

4. 其他方法

●净初级生产力法，通过体现植物学生理特性与外界环境因子的相互作用，反映自然生态体系某方面的恢复能力。虽在特定区域内因各种制约因素呈动态变化趋势，但其围绕波动的中心值，可被测定[35]。

---

① 在城市生态承载力评价中，三个空间轴通常代表资源环境承载力、生态弹性力、社会经济协调力，也有学者将三个轴定义为压力指标、承压指标、潜力指标。

② 两者区别：主成分分析法省略一些不相关指标，将指标转化成几个具有较大偏差、互不相关的综合指标；因子分析法舍弃特殊因子，集中在公共因子上。

• 供需平衡法以度量供需关系简化生态承载力计算，即量（各类资源）与质（生态环境）的满足程度。该方法需要构建一套包括社会经济类和环境资源类的合理指标体系，仅可根据预测的人口变化曲线计算供需是否在可承载范围内。缺点是无各项承载力的准确值且不反映区域内的经济发展情况和居民生活水平。

• 能值分析法把城市系统中不同种类、不可比较的能量转化成统一标准的量纲，来比较分析其在系统中的作用地位，综合分析城市生态系统中的能量流、物质流、信息流、资金流等得出一系列反映系统结构、功能和效率的指标，从而定量研究系统的功能特征和"三生"效益。

4.1.2 基于生态足迹法的生态节地效益量化方法

1. 绿色生产性面积补偿的评价方法

本节基于对上述方法的分析借鉴（表 4-2），构建"绿色生产性面积补偿的评价方法"。该方法脱胎于生态足迹理论中的"生态生产性土地"概念（该理论认为，大多数资源是在具有生态生产力的土地上生产的，因此，人类消费的每一种资源都可以用生产它所需的土地 / 水的面积来衡量）。尽管城市生态系统所能提供的生态承载力肯定不能完全等同于自然生态系统，但可借鉴生态足迹的表达方式，将社会、经济和环境的复杂效益计算转化为城市绿色生产性面积，作为衡量生态节地效益的具象化测度因素。

除了参考生态足迹法，本方法也受能值分析法的启发，它与生态足迹法均通过等价因子、生产力系数、能值转换率等参数进行测算折合成最终的承载力数值。综上，

表 4-2 评价方法基本逻辑的迁移运用

评价方法	突出特点	拟构建的绿色生产性面积补偿
生态足迹法	将资源总量转换为面积	拟定折算标准
能值分析法	以统一的能值标准为量纲	确定统一单位
系统动力学法	建立仿真模拟预测变化	建立模拟预测
综合评价指标法	体现城市生态承载力状况	评价全生命周期
净初级生产力法	测定生产与消耗之间的差值	生态绩效差值
供需平衡法	度量供需上的差值比	核算补偿面积

本书做出如下合理设想。

● 可将绿色生产的资源总量按照一定的折算标准，统一为一种易于理解且直观的量纲——绿色生产性面积（ecological productive area，EPA）[①]；

● 可以仿真模拟的方式，预测绿色生产的生态绩效在全生命周期内的逐年表现；

● 可将绿色生产的生态绩效差值作为此方式的效能评级指标[②]，核算其提高或降低[③]实施区域生态承载力的能力。

2. 绿色生产性面积补偿的评价步骤

在前期绿色生产适宜性评价的基础上，首先对农业、光伏及复合模式三种情况下的生产潜力进行计算（表4-3）。在实际情况中需要代入拟使用生产方式的真实效率。为方便演示，此处将采用如下配置：都市农业以蔬菜年产量 6 kg/m^2（露天种植）和 50 kg/m^2（水培温室）为例[36]；光伏发电选用转换效率为18.5%的多晶硅光伏组件，以30°倾角的100%全覆盖方式铺设[37]；复合模式为透光光伏薄膜屋面的温室，为兼顾种植需求和发电效率，选用转换效率为10%的组件，以30°倾角、25%覆盖率且上下间隔的方式铺设[38]。除坡屋顶仅适用于光伏发电外，平屋顶和大部分闲置

表4-3　绿色生产潜力估算方法和结果

生产方式		实际生产面积产量估算公式	年产量
农业	露天水培	$S_{ua} = S \times a_1$	$(S_1 + S_5) \times 6 = 349\ 734 \text{ kg}$
	水培温室		$S_2 \times 50 = 5\ 133\ 650 \text{ kg}$
光伏	平屋顶和闲置用地（双坡屋顶 ×0.5）	$S_{pv} = \dfrac{S}{\cos 30°} \times b_1 \times 18.5\%$	$10.05 \times 10^6 \text{ kW·h } (S_3)$
复合模式	水培温室 薄膜光伏	$S_{ua} = S \times a_2$ $S_{pv} = \dfrac{S}{\cos 30°} \times 25\% \times b_2 \times 10\%$	$3\ 949\ 950 \text{ kg } (S_4 + S_6)$ $10.03 \times 10^6 \text{ kW·h } (S_4 + S_6)$

注：S_{ua} 为都市农业实际产量；S_{pv} 为光伏发电实际产量；S 为各生产类型可用面积；a 为单位面积都市农业产量；b 为单位面积光伏组件发电量；S_1 为屋顶露天农业；S_2 为屋顶水培温室；S_3 为屋顶光伏发电；S_4 为屋顶复合模式；S_5 为闲置用地露天农业；S_6 为闲置用地复合模式；其中 S_1-S_6 与表4-6和表4-7中 S_1-S_6 相对应。

[①] "绿色生产性面积"而非"生态生产性面积"，有意区分"绿色"与"生态"，前者强调此为人工生态系统下的生产，后者为传统自然生态下的生产。

[②] 效能评级指标可作为选择某类绿色生产方式的参考条件之一，补充当前的经济性等标准。

[③] 绿色生产能提高生态承载力为最佳理想状态，但可能其效果仅仅抵消了部分生态压力（即"降低"的一种理解），降低的另一种理解为该绿色生产自身的全生命周期评价为负值。

用地有多种绿色生产情景。

其次，制定基于生态承载力计算模型的核算标准。选取样本地区，计算每公顷光伏产电量和农作物产量作为单位绿色生产性面积的生态补偿增量，再通过将自然土地所能提供的作物产量和化石能源与都市农业和光伏发电进行换算，获得绿色生产性面积的均衡因子。

最后，对城市生态节地效益进行统一换算。它是从生态学角度来衡量城市生态承载力提升潜力的方法，并基于这样的事实：由于当前城市大多数形式的绿色生产资源收入（食物、能源、水）可由都市农业和太阳能系统产生，所以就可据此估算出这些可持续生产所能节约的相同条件下的生态承载力。它将多种复杂的能流与绿色生产统一起来，转化成非常易于理解的绿色生产性面积。其基本计算方法如式（4-1）所示：

$$EPA = N \times \sum_{i,j=1}^{n} r_j \times \frac{P_i}{P_j} \qquad (4\text{-}1)$$

式中：EPA为总绿色生产性面积；N为适建空间总面积；n为所需统一换算的n类绿色生产形式；r_j为均衡因子；P_j为传统土地类型产量；P_i为第i种绿色生产类型的产量；i为绿色生产类型；j为适建空间类型；i和j的取值为1～n。

3. 绿色生产性面积补偿的评价样本实证

以天津市南开区学府街道作为样本。学府街道面积4.7 km²，相当于4个"十五分钟生活圈"，该尺度适宜作为城市绿色生产性面积计算。区域内既有建筑大部分重建于1976年唐山大地震之后，建筑类型丰富，能提供全面的评估环境。

在节地效益测算之前需要先进行空间信息获取、绿色生产适宜性评价等步骤。该区域基础数据来源于用Local Space Viewer软件下载的谷歌高清影像图，以及来源于用水经注软件下载的2018年城市CAD矢量数据。在此基础上进行实地踏勘，获得详细信息（表4-4和表4-5）。

在GIS软件平台筛查数据和叠加分析的基础上，由目视解译结合实地勘察的验证和修正，获得待评价区域内屋顶和闲置用地的可用面积及分布位置。之后进行绿色生产策略的空间适宜性评价（具体方法详见第3章）。结果表明，学府街道内有260个绿色生产的适建屋顶（244 135 m²），约占屋顶总面积（1 002 129 m²）的

表 4-4　天津市南开区学府街道闲置用地调查表

项目	内容	A1	A2	A3	A4	A5
场地属性	当前用途	闲置	闲置	闲置	城市绿地	闲置
	潜在用途	都市农业	都市农业	都市农业	＋都市农业	都市农业
面积	总面积	6000 m²	6000 m²	4700 m²	530 m²	10 500 m²
	建筑面积	危房 500 m²	危房 500 m²	无	无	临建 230 m²
	构筑物面积	无	无	无	无	无
交通	公交站距离	800 m	800 m	600 m	50 m	400 m
	停车场地	有	有	有	有	有
	住区距离	250 m	250 m	120 m	50 m	50 m
	公园花园	无	无	无	无	有
	教育设施	有	有	有	有	有
	毗邻街道	2 条	2 条	2 条	2 条	3 条
资源	临近水源	有	有	有	有	无
	土壤质量	差	差	良好	良好	一般
	日照	良好	一般	良好	良好	一般
场地环境	树冠覆盖率	25% ～ 50%	25% ～ 50%	＜ 25%	＜ 25%	25% ～ 50%
	绿地覆盖率	＞ 75%	＞ 75%	＞ 75%	＞ 75%	＜ 25%
	地面透水率	＞ 75%	＞ 75%	＞ 75%	＞ 75%	50% ～ 75%
	坡度	＜ 10°	＜ 10°	＜ 10°	10° ～ 30°	＜ 10°
	视线遮挡	一般	一般	良好	良好	一般
	最终评级	良好	一般	良好	良好	一般
	场地航拍					

表 4-5　天津市南开区学府街道可利用屋顶调查表

内容	天大学五食堂	天大冯研院	天大 23 号教学楼	天大图书馆
屋顶面积	2100 m²	1650 m²	2550 m²	2950 m²
屋面材料	钢混	钢混	钢混	钢混
屋顶可达性	楼梯	楼梯	楼梯	楼梯
其他占用面积	排风口＋楼梯	30%	4%	15%
屋顶高度	13.5 m	15 m	21 m	16 m
屋顶坡度	平屋顶	平屋顶	平屋顶	平屋顶
建筑功能	公共餐饮	公共科研楼	公共教学楼	公共教学楼
设计承载力	＞ 200 kN/m²	＞ 200 kN/m²	＞ 200 kN/m²	＞ 200 kN/m²
可用面积	1910 m²	1100 m²	2450 m²	2505 m²
日照遮挡	＜ 20%	＜ 11%	＜ 3%	＜ 30%
建筑总平				

24.4%，可利用的闲置用地总面积为 27 818 m²。其中短期和中长期适建屋顶分别为 73 249 m²（约 7.3%）和 170 886 m²（约 17.1%）。

根据上述公式计算评分，从上文提出的绿色生产补偿策略中选择适宜的类型（表 4-6），并绘制该区域的短期、中长期和不适宜开发绿色生产的分布图（图 4-2），同时生成该区域的城市建成环境三维模型便于后续规划方案和模拟模型使用（图 4-3）。

根据《2017 中国农业年鉴》[39]，全国蔬菜单位面积年产量 35 730 kg/hm²，每公顷森林每年吸收 $360×10^3$ kg 的 CO_2，每千瓦时产电量大约排放 0.66 kg 的 CO_2。普通耕地和林地的均衡因子为 2.19 和 1.38。按照式（4-1）和表 4-3 计算生产性面积均衡因子及节地效益。

得到计算结果（表 4-7），天津市南开区学府街道采用上述绿色生产方式能提供的总绿色生产性面积为 117 544.35 m²，相当于补充了该区域 12% 的建筑所占用的自然土地所能提供的生态承载力。另外，天津市区的整体生态节地效益可通过计算可

表 4-6 学府街道内适建屋顶和闲置用地的技术选型

类型	短期	中长期
屋顶	41 258 m² （露天农业 S_1）	102 673 m² （水培温室 S_2）
	31 991 m² （光伏发电 S_3）	68 212 m² （复合模式 S_4）
闲置用地	17 031 m² （露天农业 S_5）	
	10 787 m² （复合模式 S_6）	

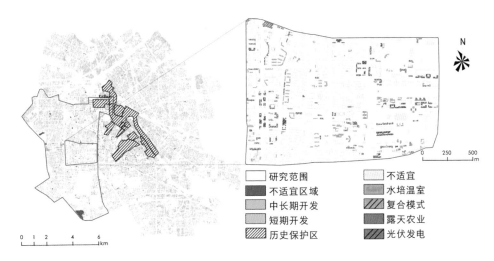

图 4-2 天津市南开区学府街道的短期、中长期和不适宜开发绿色生产的分布图

图 4-3 天津市南开区学府街道的城市建成环境三维模型

（图 4-2 和图 4-3 图片来源：作者自制）

表 4-7　绿色生产性面积均衡因子及节地效益计算方法

绿色生产类型	每公顷产量 P	换算公式	均衡因子 r_j	节地效益 /m²
露天种植	744 kg/hm²	$r_c = \dfrac{P}{35\,730} \times 2.19$ $r_f = \dfrac{P \times 0.66}{360\,000} \times 1.38$	0.05	$(S_1 + S_5) \times 0.05 = 2914.45$
水培温室	10 923 kg/hm²		0.67	$S_2 \times 0.67 = 68\,790.91$
光伏发电	21 383 kW·h		0.05	$S_3 \times 0.05 = 1599.55$
复合模式	8404 kg/hm² 21 340 kW·h		0.52 0.04	$(S_4 + S_6) \times 0.56 = 44\,239.44$
总计	—	—	1.33	117 544.35

注：r_c 和 r_f 分别为绿色生产区转换为普通耕地和林地的均衡因子公式。都市农业种植产量（kg）使用 r_c 公式，光伏发电量（kW·h）使用 r_f 公式。

利用屋顶和闲置用地的适建总面积（N）乘以绿色生产总体均衡因子（1.33），估算出该区域所能提供的绿色生产性面积（EPA）[40]。

尽管天津市南开区学府街道社区作为城市的基础单元具备近似拓展的属性，但节地效益计算精度受限于城市空间数据、生活地块尺度和建筑整体风貌等因素。所以，当拓展到更大范围或其他地区时，可根据当地适宜的绿色生产方式、屋顶和闲置空地情况对均衡因子进行修正，从而获得更准确的生态补偿量化。

4.1.3　基于综合评价指标法的生态节地效益测算方法

本书从资源、环境和经济三个方面对绿色生产的生态节地效益进行测算。在资源方面，选取"农业（蔬菜）自给自足潜力""能源（光伏）自给自足潜力"两项指标；在环境方面，分为绿色生产对环境的负担和系统运行带来的环境效益，其中对环境的负担包括"全球变暖潜能值""耗水量""耗电量"，环境效益为"食物里程减碳潜力"和"光伏发电减碳潜力"；在经济方面，选取"初始投资""投资回报率""投资回报周期"三项指标。虽然作物生长具有重要的固碳效益，但被食用后，固定的二氧化碳最终会重新回到自然界，所以本书不计算植物固碳。

1. 资源可持续指标

（1）农业（蔬菜）自给自足潜力

仅食物产量数值并不能直观反映绿色生产在食物供需平衡方面的效益，所以本书使用了自给自足潜力作为衡量系数。数值越高，说明研究区域对外界资源输入的依赖程度越低，区域食物韧性越高[41]；自给自足潜力也存在超过100%的情况，说明在此情况下食物的产量超过了研究区居民的需求。农业（蔬菜）自给自足潜力的计算公式为：

$$\text{Vegetable}_{\text{self}} = \frac{a_k \times x_k}{\text{Population} \times \text{Per}_k} \times 100\% \qquad (4\text{-}2)$$

式中：$\text{Vegetable}_{\text{self}}$为农业（蔬菜）自给自足潜力；$a_k$为$k$类生产方式的单位年平均产量，单位为$kg/(m^2 \cdot 年)$；$x_k$为$k$类生产方式可进行改造的面积，单位为$m^2$；Population是区域总人口，单位为人；$\text{Per}_k$是人均资源需求量，单位为$kg/(人 \cdot 年)$，数据可由最新统计年鉴获取。

（2）能源（光伏）自给自足潜力

提高能源（光伏）自给自足潜力能够有效增强地块能源韧性。当前我国电网形态和运行方式日趋复杂，面临的内外部风险源日益增多[42]，由分布式能源（光伏）组成的独立系统能够有效缓解电网供电压力，提高能源供应安全水平。计算方法与农业（蔬菜）自给自足潜力类似：

$$\text{Electric}_{\text{self}} = \frac{a_l \times x_l}{\text{Population} \times \text{Per}_l} \times 100\% \qquad (4\text{-}3)$$

式中：$\text{Electric}_{\text{self}}$为能源（光伏）自给自足潜力；$a_l$为$l$类生产策略的单位年平均产量，单位为$kW \cdot h/(m^2 \cdot 年)$；$x_l$为$l$类生产策略可进行改造的屋顶面积，单位为$m^2$；Population是区域总人口，单位为人，数据来自第七次全国人口普查；Per_l是人均资源需求量，单位为$kW \cdot h/(人 \cdot 年)$，数据来源于《2021年天津统计年鉴》。

2. 环境可持续指标

（1）食物里程减碳潜力

食物本地化生产可就近供给地块内居民，减少食物里程造成的化石能源燃烧，也无须使用额外的长途冷冻保鲜技术[43]，既减少了能源消耗，也降低了食物在运输时的损耗。国内食物运输以公路货运为主，公路食物运输的碳排放来源主要为燃油和食物贮藏两部分。大型车辆以柴油发动机为主，因此通过估算公路运输的柴油消耗量，并根据柴油与标准煤的折算系数进行换算，计算燃油产生的二氧化碳。记货车的单位荷载质量燃料消耗量为Q_b，$0.6~L/(100~km \cdot t)$[44]，某食物里程为L（单位：

km），对于不同的食物类型，食物里程 L 存在较大的差异。相比其他资源，蔬菜、禽类、水产品、奶类的产地大多是距离市区 500 km 以内的省市。以天津市为例，农业农村部提出京津冀协同推进现代农业发展的目标，通过种好河北"菜园子"，保障京津两地日常稳定的蔬菜供应。柴油密度为 ρ，取 8.4×10^4 t/L，根据折算系数将柴油换算为标准煤，计算其二氧化碳排放量。已知柴油到标准煤的折算系数 α_1 为 1.4571，标准煤的碳排放系数 η 为 0.67 吨碳 / 吨标准煤，则公路货运燃油产生的二氧化碳排放量 C_1（单位：t）的计算公式为：

$$C_1 = \frac{Q_b \cdot L \cdot M \cdot \rho}{100} \cdot \alpha_1 \cdot \eta \qquad (4\text{-}4)$$

食物贮藏及冷藏、冷冻所需二氧化碳常通过估算食物运输过程中贮藏所需电量，并根据电量与标准煤的折算系数换算得到。运输过程中蔬菜及蛋制品等以保鲜为主，耗电量约为 1.8 kW·h/t；瓜果、奶类及奶制品等以冷藏为主，耗电量为 2 kW·h/t；肉禽类、水产品等以冷冻为主，耗电量约为 2.78 kW·h/t[45]。根据电量到标准煤的折算系数 α_2 为 0.4，公路货运食物保鲜产生的二氧化碳排放量的计算公式为：

$$C_2 = E \cdot M \cdot \alpha_2 \cdot \eta \qquad (4\text{-}5)$$

公路货运燃油和食物保鲜产生的二氧化碳排放量合计公式为：

$$C = \frac{Q_b \cdot L \cdot M \cdot \rho}{100} \cdot \alpha_1 \cdot \eta + E \cdot M \cdot \alpha_2 \cdot \eta \qquad (4\text{-}6)$$

式中：C 为公路货运燃油和食物保鲜产生的二氧化碳排放量，单位为 $g_{(CO_2)}$；Q_b 为货车的单位荷载质量燃料消耗量；L 为食物里程，单位为 km；M 为食物消费量，单位为 t；ρ 为柴油密度；α_1 为柴油到标准煤的折算系数；η 为标准煤的碳排放系数；E 为食物运输中贮藏耗电量；α_2 为电量到标准煤的折算系数。

（2）光伏发电减碳潜力

光伏发电减碳潜力由当年替代的传统方式发电的排放量（以所在区域电网排放因子计算）减去光伏自己的碳排放量（全生命周期内每千瓦时碳排放量仅为 0.03 kg，常忽略不计）。屋顶光伏发电减碳潜力可通过光伏总发电量与碳排放因子的乘积获得。2023 年生态环境部发布的全国电网平均碳排放因子为 0.5703 kgc /（kW·h），各区域略有差异。

（3）全球变暖潜能值

除了对环境产生的收益外，环境可持续指标还考虑了绿色生产策略在全生命周期中的环境成本，全面评估系统在建造、运营、生产与产品分配过程中对环境产生的负面影响。由于各种材料的单位不同，本书将使用全球变暖潜能值（GWP）对各部分支出进行统一换算，具体数据参考中国相关国家标准和过往文献，根据具体屋顶策略进行计算。

屋顶系统的结构包括：（i）结构的安装；（ii）系统的维修，包括系统内设备的维修和更换；（iii）组件寿命结束后处理。运营部分考虑的环境影响为：（i）水；（ii）能源；（iii）肥料、农药和种子等。

（4）耗水量与耗电量略

3. 经济可持续指标

（1）初始投资

初始投资为项目取得投资时实际支付的全部价款，本书所涉及的初始投资包括绿色生产所用设施购买及安装的价格。根据中国政府采购网公布的数据，2022年用电成本下降至每瓦时3.53元[46]。都市农业系统的造价根据相关厂商报价而定。具体方法如下：

$$\text{Investment} = \sum_{j=1}^{n} \text{Cost}_j \cdot x_j + \sum_{i=1}^{m} b_i \cdot y_i \cdot \text{Cost}_i \tag{4-7}$$

式中：Investment为初始投资，单位为元；n为农业生产改造策略的种类数；Cost_j是农业生产中j类生产形式的单位造价，单位为元/m²；x_j是j类食物生产形式可进行生产利用的面积，单位为m²；m为电力生产改造策略的种类数；b_i是农业生产中i类生产形式的单位年平均产量，单位为kW·h/m²；y_i是i类电力生产可进行生产利用的面积，单位为m²；Cost_i为光伏生产中i类生产形式的单位造价，单位为元/（kw·h）。

（2）投资回报率

投资回报率（ROI）用于衡量企业从某项投资性商业活动中获取的经济回报的比率。该指标是评估项目盈利状况、效果和效率的综合性指标。具体计算方法如下：

$$\text{ROI} = \frac{\text{Revenue}_t - \text{Cost}_t}{\text{Investment}} \tag{4-8}$$

式中：ROI为投资回报率；Revenue_t为年度收益；Cost_t为年度总开支；Investment为初始投资。

（3）投资回报周期

投资回报周期用于表示投资收回成本的时间，即投资产生的总收益首次等于或超过总成本所需的时间，投资回报周期与投资回报率互为反函数。具体计算方法如下：

$$\text{Payback time} = \frac{\text{Investment}}{\text{Revenue}_t - \text{Cost}_t} \tag{4-9}$$

式中：Payback time为投资回报周期；Revenue_t为年度收益；Cost_t为年度总开支；Investment为初始投资。

4.2 绿色生产生态节地决策方法

城市绿色生产项目的成功推进与运维，需要满足多方利益相关者的需求，仅依靠设计人员的工程经验判断是不够的，因此科学直观的数理支持变得尤为重要。对于采用绿色生产性面积补偿评价方法进行生态节地效益计算的情况，由于已经转化为统一的评价量纲，因此可以直接比较不同生产方式所能补偿的绿色生产性面积大小。对于采用评价指标法的情况，无法直接通过这些指标对绿色生产方案优劣进行评判，需要借助决策支持方法得到最佳的解决方案。

4.2.1 绿色生产决策支持方法概述

1. 借助评价工具的决策方法

借助评价工具的决策方法是通过评价工具得到一个或一组数值，为决策提供依据的方法。其中，评价工具的选择是关键步骤。评价工具主要包括针对资源的模拟软件（预测光伏、农业潜力的模拟软件）、计算某方面效益的评价工具 / 方法，以及多工具的联合使用。

针对资源的模拟软件。模拟光伏系统潜力的软件或插件种类较多，如 PVsyst、CitySim、Solar Pro、Ladybug、Honeybee、CBDM（climate-based daylight modelling）、DIVA for Rhino、PPF（physical prototype fabricator）等，其基本原理均是基于场地太阳辐射模拟结果和光伏组件参数，模拟计算建筑或地块的光伏潜力。而城市农业潜力模拟软件相对较少，Eric Mino 等（2021）[47] 对已开发的 6 个都市农业规划与设计工具进行了总结与分析，如 FammAR 应用程序、Farming Concrete 工具包、UNaLab 都市农业模拟和可视化工具（UNL-NBS-SVT）等，这些工具能够计算城市农业的生产潜力、资源需求，评估其城市设计价值、环境和社会经济影响。

针对某方面效益的成熟评价工具 / 方法，如生命周期评估、成本收益分析法等方法。Corcelli（2019）[48]、Toboso-Chavero（2019）[49] 和马宁（2023）[50] 等学者利用全生命周期评估方法，全面评价了绿色生产策略对环境的影响，并比较了它们的环境效益。此外，空间规划领域最常用的辅助工具是 GIS，通过对各效益结果进行可视化操作，以提供更直接的决策支持。

此外，多工具的联合使用有利于综合效益评估，如 Jing 等采用生物地球化学模拟器（DNDC）和 PVWatts，分别模拟特定气候和太阳辐射条件下的作物生产与能源生产，获取城市区域潜力数据[51]。Ledesma 等使用 EcoInvent 数据库在 SimaPro 软件上进行 LCA 模拟及定量分析[52]。Adam Ghandar 等（2019）[53] 从资源供需平衡出发，使用 GIS 数据和人口统计信息，仿真模拟预测都市农业支持的人口规模、未来的变化、作物数量与种类等。

2. 基于智能算法的决策方法

人工神经网络（ANN）算法和多目标优化算法均是基于智能算法的决策方法，可应用于绿色生产规划中，为决策提供科学准确的支持。

人工神经网络算法是一种基于生物神经系统结构和功能的数学模型，被广泛应用于模式识别、数据挖掘、预测分析等领域。不少研究者在解决绿色生产决策问题时，通过 ANN 确定不同因素之间的关系，并预测未来的能源需求、资源利用情况等，为决策提供科学的依据。例如，Mondino 等（2015）[54] 使用了更加客观的人工神经网络算法对现有的光伏电站位置对应的指标进行训练，以获得科学客观的指标权重。Ghadami 等（2021）[55] 从城市能源需求出发，应用人工神经网络和统计分析来创建决策支持系统，预测不同季节城市的能源消耗，作为确定光伏建设方案的依据。

多目标优化算法是一种解决多个相互矛盾目标的优化方法，旨在寻找一组解决方案，使得所有目标都达到最优。常见的多目标优化算法包括遗传算法、粒子群优化算法等。在绿色生产决策的问题中，多目标优化算法可以考虑诸如经济效益、环境影响、资源利用效率等多个目标，找到最优的系统配置方案。这种方法能够在考虑多个目标和约束条件的情况下，为决策者提供多样化的选择，实现多方面的平衡和优化。该方法已得到广泛应用，例如，Spyridonidou 等（2022）[56] 用 TOPSIS 方法对绿色生产区域选址进行决策支持，Tercan 团队（2020）[57] 用 GIS 与加权线性组合的方法对绿色生产区域选址进行评估。Sim 等（2021）[58] 使用多目标粒子群优化的方法对韩国一所学校进行可再生能源系统的规划，以经济与环境影响为目标，确定最优的可再生能源系统组合方案。

3. 基于统计学方法的决策方法

层次分析法（AHP）和多准则决策分析（MCDA）是两种常用于处理多因素决

策问题的定量方法。它们均通过建立层次结构或准则体系，将复杂的决策问题进行分解，采用权重分配和得分计算等统计学方法，对备选方案进行评估和排序，以确定最优的决策方案。

由于绿色生产区域设计受到经济、技术、社会、环境等多方面因素影响，所以现有研究多使用以上两种方法统筹多个因素，对其进行综合评价。将层次分析法和多准则决策分析与 GIS 相结合的"GIS-AHP 多准则决策框架"已成为绿色生产区域选址研究的主流方法，如 Sánchez-Lozano 等（2013）[59]、Aghbashlo 等（2020）[60] 的研究。然而，该方法的问题在于，选址结果的可靠性高度依赖于评价指标的选择和权重分配，而且 AHP 模型中的权重分配存在主观性。因此，需要采用更加客观严谨的加权方法进行评价，以提高决策的科学性和可靠性。

4.2.2　基于遗传算法的多目标决策模型

1. 遗传算法 NSGA-Ⅱ目标设定

绿色生产的能量来源主要为太阳辐射，所以同一空间往往适合多种资源的生产。生产策略的选取也极大地影响了资源产量，高技术的生产方式带来了极高产量的同时也会增加成本的投入，所以在决策前，需要考虑多个目标相互之间的影响。而多目标优化旨在针对相互冲突的多个目标，通过控制决策变量、目标函数和约束条件，实现相互冲突的目标之间的协调和折中，使总体目标尽可能达到最优。

（1）优化算法确定

遗传算法是一种全局搜索优化方法。它通过模拟自然选择和遗传中的复制、交叉和变异等现象，从一个初始种群出发，随机选择、交叉和变异，生成适应环境的个体。这些个体一代代进化，逐渐集中于搜索空间的最优区域，最终收敛为一组最适合的解。Ⅱ代遗传算法（non-dominated sorting genetic algorithm Ⅱ，NSGA-Ⅱ）是遗传算法的优化，具有多样性和收敛性能。因此，本书采用Ⅱ代遗传算法开展多目标优化 [61]。

（2）优化目标与变量确定

在某一空间的绿色生产性过程中，首先考虑的是农业产量与光伏产量。可根据太阳辐射水平与日照时长等因素，筛选出适合进行农业或者光伏生产的空间（方法详见第3章）。但由于每种具体的生产性策略对于太阳辐射的需求不尽相同，例如露天农业完全依赖太阳辐射，而温室可以通过温室内的光照设备补充光照，使光照水平始终维持在高光合作用的水平。所以，对城市空间用途进行合理化分配，将对光照需求高的生产性策略应用在光照条件较好的空间，将对光照需求低、可利用设备进行补充的策略应用在光照条件较差的空间，可实现对城市空间的高效合理利用；通过对高、低技术的生产性策略的搭配，能够在有限的建成空间面积上实现更高的产量。

（3）约束条件确定

经济因素是对建成环境实施生产性策略时应当重点考虑的问题。现阶段，我国城市更新的资金获取主体主要有各级财政资金、社会资本投入资金、物业权利人自筹资金和市场化融资资金等。无论哪种资金来源，更新项目的资金预算很大程度上决定着城市更新项目能否成功推进和运行。在"十四五"规划的指导下，城市更新应力求保持较低的债务率，同时实现城市更新升级和可持续发展。在尽可能控制资金投入的情况下，将更新效益维持在高水准成为城市更新项目的重要目标。在绿色生产中，高技术应用的生产策略在提高资源产量的同时，往往会伴随着更高的改造成本，所以改造成本与资源产量也是两个相互冲突的目标。需要说明的是，生产性改造的环境影响也是应该考虑的重要因素，但当下在城市更新项目中，环境影响往往作为一个重要的评价指标，而非先决性条件，所以在本书研究中不将生产性改造的环境影响作为约束条件考虑。

总之，如何得到能满足"农业与能源生产产量最大化，建设初始投入最小化"的生产性策略布局，是当前绿色生产与生态节地规划设计中最需要解决的问题，也是本算法的逻辑。

2. 目标函数模型的构建

本书以不同生产性策略的初始投资为前提，以目标区域空间利用用途（不同生产性策略）为变量，以光伏与农业生产潜力最大化为目标，运用Ⅱ代遗传算法，得到帕累托最优解集，为决策提供方案选择。模型构建过程如下。

首先，需要构建各项目标的数学模型，农业与光伏策略的生产潜力根据前文方法计算，成本根据具体使用策略来定，成本数据需要通过市场调研来获得。目标函数具体表达如下：

$$F_{\max} = \sum_{j=1}^{n} a_j \cdot x_j \qquad (4\text{-}10)$$

$$E_{\max} = \sum_{i=1}^{m} b_i \cdot y_i \qquad (4\text{-}11)$$

$$\text{Cost}_{\min} = \sum_{j=1}^{n} \text{Cost}_j \cdot x_j + \sum_{i=1}^{m} b_i \cdot y_i \cdot \text{Cost}_i \qquad (4\text{-}12)$$

式（4-10）中：$F_{\max}$ 为农业的总产量最大值，单位为kg；n 为屋顶农业生产改造策略的种类数；a_j 是屋顶农业生产中 j 类生产形式的单位年平均产量，单位为kg/m²；x_j 是 j 类农业生产形式可进行生产利用的面积，单位为m²。

式（4-11）中：$E_{\max}$ 为光伏的总产量最大值，单位为 kW·h；m 为屋顶电力生产改造策略的种类数；b_i 是屋顶电力生产中 i 类生产形式的单位年平均产量，单位为 kW·h/m²；y_i 是 i 类电力生产形式可进行生产利用的面积，单位为 m²。

式（4-12）中：$\text{Cost}_{\min}$ 为初始投资最小值，单位为元；n 为屋顶农业生产改造策略的种类数；Cost_j 是屋顶农业生产中 j 类生产形式的单位造价，单位为元 /m²；x_j 是 j 类农业生产形式可进行生产利用的面积，单位为 m²；m 为屋顶电力生产改造策略的种类数；b_i 是屋顶电力生产中 i 类生产形式的单位年平均产量，单位为 kW·h/m²；y_i 是 i 类电力生产形式可进行生产利用的面积，单位为 m²；Cost_i 为屋顶光伏生产中 i 类生产形式的单位造价，单位为元 /（kW·h）。

将目标空间范围限定为地块尺度下的建筑屋顶空间，则约束条件为进行改造的屋顶总数不得超过地块屋顶总和，但允许有未进行更新的屋顶，具体表达为如下公式：

$$\text{Number}_{\text{Roof}} \geqslant \sum_{s=1}^{p} \text{Roof}_s \qquad (4\text{-}13)$$

式中：$\text{Number}_{\text{Roof}}$ 为目标地块屋顶总数；p 为生产策略种类数；Roof_s 为 s 类策略所占屋顶数量。

根据第 3 章中的农业和能源生产潜力的计算方法得到单位面积的生产潜力，地块屋顶农业和能源的年总产量为不同生产策略单位面积的生产潜力与面积的乘积之和，可表达为如下公式：

$$F = \sum_{j=1}^{n} a_j \cdot x_j \qquad (4\text{-}14)$$

$$E = \sum_{i=1}^{m} b_i \cdot y_i \qquad (4\text{-}15)$$

式（4-14）中：F 为农业的总产量，单位为 kg；n 为屋顶农业生产改造策略的种类数；a_j 是屋顶农业生产中 j 类生产形式的单位年平均产量，单位为 kg/m²；x_j 是 j 类农业生产形式可进行生产利用的面积，单位为 m²。

式（4-15）中：E 为光伏的总产量，单位为 kW·h；m 为屋顶电力生产改造策略的种类数；b_i 是屋顶电力生产中 i 类生产形式的单位年平均产量，单位为 kW·h/m²；y_i 是 i 类电力生产形式可进行生产利用的面积，单位为 m²。

3. 数学模型变量设置

在目标函数的数学模型中，x、y 是多目标优化中的不同变量，j 为不同的生产策略，变量的数目由策略的选择决定，空间上的制约关系使得 x 和 y 存在一定的转换关系。在目标函数中，变量是以面积来计算的，但考虑到实际应用，对同一块屋顶进行不同的生产性改造并不可取，所以本书研究设定一块屋顶只能使用一种更新策略，更新策略的实施以屋顶作为最小单元进行。

由于太阳辐射在产量算法中是关键影响因子，所以需要对资源生产类型进行偏好设置。本研究认为，"偏好"应由用户来设置。具体程序是用户根据目标地块的实际情况选择优先生产的资源类型。在算法中会优先将选定资源的生产策略应用在辐射条件较好的屋顶，与此同时，为降低改造工程量和对环境的影响，将优先选取改造难度最低的生产方式；当改造难度最低的生产方式不能满足产量需求时，将触发生产强度较高的生产策略。

为使多目标优化的变量从面积转变为屋顶数量，建立不同种类的生产性更新系统所使用面积与屋顶的关系，而每块屋顶的面积、生产潜力又各不相同。与此同时，由于不同资源的生产效率和需求不同，无法直接进行比较，因此本研究从供需角度出发，引入资源自给自足成本收益系数来衡量屋顶在实施某种特定生产策略时对地块整体需求的贡献程度，并根据该系数进行屋顶策略的选用与剔除。具体公式表达为：

$$\text{Self}_k = \frac{\text{Yield}_k}{\text{Population} \cdot \text{Per}_k \cdot \text{Cost}_k \cdot x_k} \times 100\% \qquad (4\text{-}16)$$

式中：Self_k 为屋顶自给自足成本收益系数；Yield_k 为 k 类生产策略的年平均产量；Population 是地块总人口，数据来自中国第七次人口普查；Per_k 是人均资源需求量，数据来源于最新统计年鉴；Cost_k 为 k 类生产策略的单位造价；x_k 为 k 类生产策略可进行改造的屋顶面积。

根据上述方法计算出地块屋顶在使用不同生产性更新策略时的自给自足成本收益系数，并按照自给自足成本收益系数由大到小排序，在计算时按照对生产性策略的优先级，通过百分比依次选择生产性策略，由此将变量由各生产性策略的面积转变为各生产性策略所占用屋顶的百分比，优化所得结果能够直接确定具体屋顶的利用方式。

完成变量和函数确定后，运行Ⅱ代遗传算法。因为多个目标之间存在相互制约的关系，所以通过多目标优化得到的方案并不是唯一的最优解，而是一组帕累托最优解集，与此同时，非支配解之间可能存在矛盾，优化某个目标可能会导致其他目标的减损。因此，在决策阶段，还需要借助其他技术辅助进行最终决策，从多个非支配解中选定最优方案。

4.2.3　基于理想解排序法的多目标决策方法

本书已使用多目标优化算法得到了一组符合预定设计目标的绿色生产策略应用方案（帕累托最优解集），能够提供适用于多种不同情境的应用规划方案。解集中的每一个解都可以计算得出其能够产生的节地效益指标（详见 4.1.3 节）。由于无法通过这些指标对方案优劣进行直接评判，需要使用多准则决策方法对指标统筹考虑，将多项指标换算为统一的评分进行比较，进而根据评分排序从最优解集之中再选择出最佳的解决方案。

本书采用逼近理想解排序法（TOPSIS）对多目标优化的结果进行综合评估。该方法根据指标在所有方案中距离最优解和最劣解的欧几里得距离来衡量方案的优劣，具备客观可靠的优势，并且对样本数据没有特殊需求，能够反映方案整体状况，在评估研究中有普适性，是适合在帕累托最优解集中选出最佳解决方案的方法。

1. 数据预处理

在节地效益指标中，衡量经济潜力的"投资回报率"与"投资回报周期"互为反函数，二者均可以反映投资回报的水平，所以在多准则决策中仅选择"投资回报率"作为评分标准；在环境指标中"耗水量"和"耗电量"在一定程度上可以反映对资源的消耗情况，但由于生产性策略的类型不同，不能仅靠耗水量与耗电量的高低来衡量方案的优劣，所以本书不将耗水量与耗电量纳入多准则决策的评价体系；生产性更新策略在运营中的消耗统一使用净收益和运营碳排放衡量。综上，本节综合决策方法使用的指标因子有衡量经济效益的"农业自给自足潜力""能源自给自足潜力""投资回报率""净收益""减碳潜力""初始投资""初始环境成本""运营碳排放"八项。

用 TOPSIS 法处理数据时，将指标分为四种类型：极大型（效益型）指标、极小型（成本型）指标、中间型指标和区间型指标。本节综合决策方法所使用指标的类型如表 4-8 所示。在评价前需要对不同类型的数据进行正向化处理，将其全部转化为极大型指标数据。

表 4-8　本节综合决策方法所使用指标的类型

指标类型	指标名称
极大型指标	农业自给自足潜力
	能源自给自足潜力
	投资回报率
	净收益
	减碳潜力
极小型指标	初始投资
	初始环境成本
	运营碳排放

对于极小型指标来说，指标越小说明方案的经济与环境成本越低，整体表现越好，所以要对极小型指标进行正向化处理，将其转变为极大型，具体方法为：

$$\hat{X}_i = X_{i\max} - X_i \tag{4-17}$$

式中：$\hat{X_i}$ 是正向化处理后的 i 类型指标；$X_{i\max}$ 是 i 类型指标中的最大值；X_i 是 i 类型指标。

由于不同指标之间数值存在量级的差距，为消除不同指标量纲的影响，需要对已经正向化的矩阵进行标准化处理，具体方法如下：

$$Z_{ij} = \frac{x_{ij}}{\sqrt{\sum_{i=1}^{n} x_{ij}^2}} \tag{4-18}$$

式中：Z_{ij} 是经过正向化处理的 i 方案 j 类型指标；x_{ij} 是 i 方案 j 类型指标。

经过标准化处理，得到了标准化评分矩阵 $\boldsymbol{Z}$，此时 $\boldsymbol{Z}$ 矩阵中所有指标均是经过标准化处理的极大型指标。

$$\boldsymbol{Z} = \begin{bmatrix} Z_{11} & Z_{12} & \cdots & Z_{1m} \\ Z_{21} & Z_{22} & \cdots & Z_{2m} \\ \vdots & \vdots & & \vdots \\ Z_{n1} & Z_{n2} & \cdots & Z_{nm} \end{bmatrix} \tag{4-19}$$

2. 最优解与最劣解计算

从评分矩阵 $\boldsymbol{Z}$ 中取出理想最优解和最劣解，最优解为每个指标中最大的数，从每一列取最大值，构成理想最优解向量；最劣解为每个指标中最小的数，从每一列取最小值，构成理想最劣解向量。具体计算方法为：

$$Z = [Z_1^+, \ Z_2^+, \ \cdots, \ Z_m^+] = \begin{bmatrix} \max\{Z_{11}, \ Z_{21}, \ \cdots, \ Z_{n1}\}, \\ \max\{Z_{12}, \ Z_{22}, \ \cdots, \ Z_{n2}\}, \\ \vdots \\ \max\{Z_{1m}, \ Z_{2m}, \ \cdots, \ Z_{nm}\} \end{bmatrix} \tag{4-20}$$

$$Z = [Z_1^-, \ Z_2^-, \ \cdots, \ Z_m^-] = \begin{bmatrix} \min\{Z_{11}, \ Z_{21}, \ \cdots, \ Z_{n1}\}, \\ \min\{Z_{12}, \ Z_{22}, \ \cdots, \ Z_{n2}\}, \\ \vdots \\ \min\{Z_{1m}, \ Z_{2m}, \ \cdots, \ Z_{nm}\} \end{bmatrix} \tag{4-21}$$

3. TOPSIS 评分计算

TOPSIS 评分由矩阵中方案的指标到最大值与最小值的距离表示，本书研究采用了欧几里得距离来衡量指标到两个方案的综合距离。

对于第 i 个方案 Z_{ij}，与最优解的距离 d_i^+ 计算方法如下：

$$d_i^+ = \sqrt{\sum_{j=1}^{m} w_j (Z_j^+ - Z_{ij})^2}$$ （4-22）

与最劣解的距离 d_i^- 计算方法为：

$$d_i^- = \sqrt{\sum_{j=1}^{m} w_j (Z_j^- - Z_{ij})^2}$$ （4-23）

第 i 个方案的评分 S_i 表示为：

$$S_i = \frac{d_i^-}{d_i^+ + d_i^-}$$ （4-24）

式中：d_i^+ 为 i 方案的 j 类指标与其所在列最大值的距离；Z_j^+ 是矩阵中 j 类指标的最大值；d_i^- 为 i 方案的 j 类指标与其所在列最小值的距离；Z_j^- 是矩阵中 j 类指标的最小值；Z_{ij} 是经过正向化处理的 i 方案 j 类型指标；w_j 是 j 类指标的权重，本书研究默认 w_j 是相等的，在实际应用中，则根据具体情况由决策者自行设置权重值；S_i 是 i 方案的综合评分，其中，$0 \leqslant S_i \leqslant 1$，且方案与最优解的距离越小，方案评分越高，相对应地，方案与最劣解的距离越小，方案评分越低。

根据上述方法流程，可对多项满足设计目标的绿色生产方案进行可持续性评估，并使用 TOPSIS 法对方案进行评分与排序。通过综合的可持续性评估，可以更加全面地了解方案，TOPSIS 评分能够在一定程度上反映方案的综合表现，然而在决策中并不能仅依靠综合评分来确定选用方案，还需要结合实际需求与条件来确定最佳设计方案。

4.3　生态节地效益测算与决策支持工具

本节将上文生态节地效益测算方法（综合指标法）和决策支持方法整合发展为集成的工具，将从工具的架构设计、设计平台搭建和展示与决策平台开发三方面介绍工具的设计思路。

4.3.1　工具架构设计

1. 节地效益测算与决策支持流程设计

针对整个城市或城区开发决策支持工具，数据量巨大，对计算机性能要求高，设备商无法满足；但若减少数据量，则在精度上不能满足本书课题组需求。故而，本章研究尺幅和决策工具的适用范围，都限定为地块尺度下的建筑（屋顶及立面）空间。

针对该尺度下建筑的特点，构建一套城市地块生态节地潜力测算与绿色生产决策支持方法。该方法整合了前文的空间清查方法、潜力评估方法、节地效益测算方法与决策支持方法，需要将如下步骤整合进工具之中：地块三维模型建立与环境模拟；生产潜力评估与多目标优化；可持续评估与综合决策。

第一步是地块三维模型建立与环境模拟，目的是得到目标地块建筑屋顶与立面的日照时长和年度辐射总量，用来确定满足生产性改造日照条件的建筑外表面。主要包括两项内容：先根据空间清查结果建立目标地块的建筑三维模型，之后对地块建筑外表面进行环境信息的模拟与计算，得到与资源生产相关的环境数据。

第二步为生产潜力评估与多目标优化。根据上一步得到的环境数据对地块屋顶和立面空间进行筛选，确定适宜进行生产性改造的空间；然后将环境数据代入不同生产性策略的生产潜力计算公式中，计算得到具体空间在不同策略下进行食物与能源生产的生产潜力数值。使用多目标优化方法针对多种资源的产量和成本进行优化，得到所选用生产策略在地块建筑外表面中的具体实施方案。

第三步为可持续评估与综合决策。为了更好地了解所得策略应用方案对城市可持续发展的效益，在该步骤中根据 4.1.3 中建立的绿色生产生态节地效益测算指标对设计方案的可持续性潜力进行评估，其中经济指标用初始投资、投资回报率、投资回报周期来衡量；环境指标用初始环境成本、运营环境成本、减碳潜力来衡量。

2. 节地效益测算与决策支持工具构建逻辑

当现有软件不足以满足功能需求时，通常的做法有两种：一是结合不同的软件进行整合应用，从而充分发挥各自平台的优势；二是借助 Java 程序语言就不断增加的使用需求进行程序开发或拓展。

本书选择使用 Rhinoceros + Grasshopper 平台进行方案的模拟优化与编辑功能，使用 Java 语言开发在线网站用于方案展示与综合决策。Rhinoceros 是一种基于 NURBS 曲面的专业三维建模软件，具有强大的建模功能且广泛应用于建筑行业，设计人员无须进行额外学习即可进行操作。Grasshopper（GH）是一种基于 Rhinoceros 建模平台的可视化编程语言，可通过可视化的指令输入方式编写算法程序来自动生成模型。通过使用各种插件和接口，GH 平台能够调用外部软件并读取数据，以实现多个软件模块之间的集合与交互。Rhinoceros 具备强大的建模能力，能够对地块进行精确建模；Grasshopper 具备可视化编程能力，并可调用不同功能的插件，能够满足本书研究中复杂的模拟计算。

然而 Rhinoceros + Grasshopper 平台的数据处理能力与可视化展示能力较弱，且对软件运行环境要求较高，不足以满足决策支持工具的功能需求，所以使用 Java Web 技术开发在线展示与决策平台，并与 Rhino + Grasshopper 平台进行联动，以扩展 Rhino + Grasshopper 平台的功能。受限于技术，Java 无法直接调用 Rhinoceros + Grasshopper 平台进行运算，所以本书使用 Rhinoceros + Grasshopper 平台与 Java Web 在线网站作为绿色生产与生态节地决策支持工具（图4-4）。

4.3.2 基于 Grasshopper 的设计平台搭建

在 Grasshopper 平台中实现决策支持功能，需要搭建环境模拟平台、生产潜力评估平台、多目标优化平台和可持续评估平台。本节将详细介绍上述平台的搭建步骤。

1. 环境模拟平台

本书选择使用 Ladybug 搭建环境模拟平台，具体步骤如下。

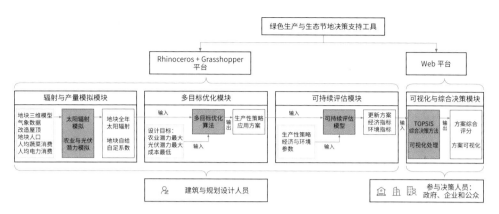

图 4-4 绿色生产与生态节地决策支持工具逻辑框架图

（1）气象数据获取与导入

首先，运行 Ladybug 中的 epw_map 电池，系统会自动跳转到 EnergyPlus 自带的气象网站 https://www.ladybug.tools/epwmap/，选择所在城市下载城市气象文件。依次连接 Boolean、Ladybug_Open EPW Weather File（图 4-5）和 Import EPW 电池，完成用 Ladybug 工具对气象文件的读取。

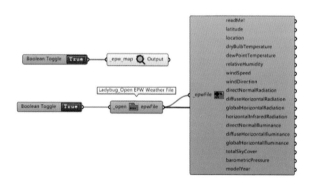

图 4-5 气象数据导入

（2）模拟时段设置

设置模拟时段。本书需要测得年日照总辐射量，因此使用 Analysis Period 电池，设置起始日为 1 月 1 日，终止日为 12 月 31 日，即得全年模拟时段（图 4-6）。

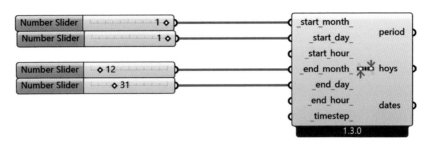

图 4-6 模拟时段设置

（3）光照模拟电池组设置

首先建立一个包括直射辐射、漫射辐射的所在城市天空穹顶模型，设置 Cumulative Sky Matrix 电池，电池中导入气象数据中的直射和漫射辐射值，接着将穹顶模型导入 Incident Radiation 电池中。在本研究中，设置辐射网格（grid_size）为 2 m×2 m，计算点据模型表面设为 2 m（图 4-7）。

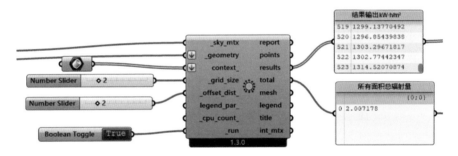

图 4-7 光照模拟电池组设置

（4）表面积计算设置

计算地块总表面积，用 Area 导入 Mass Addition 相加计算（图 4-8）。计算地块全部屋顶和全部立面面积同理。

图 4-8 地块总表面积计算电池组设置

（5）模拟平台总体

整合以上步骤，得到完整的模拟平台，包含输入端、模拟器及输出端（图4-9）。

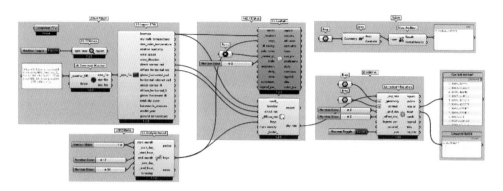

图4-9　模拟平台总体

2. 生产潜力评估平台

根据第3章中的农业生产潜力评估方法与光伏发电潜力评估方法建立生产潜力评估平台。生产潜力评估平台包括两个部分。第一部分是空间筛查，农业生产方面筛选掉日照时长不满足作物生长最低需求的空间，光伏发电方面筛选掉单位面积的全年太阳辐射低于辐射阈值的空间；第二部分是将生产潜力计算模型表达在Grasshopper中，其中农业潜力模型使用Grasshopper平台中自带的Math工具，光伏潜力模型则是通过Ladybug中的PVsurface功能实现。具体步骤如下。

（1）温度修正系数

首先，将温度修正系数的计算公式写入Expression Designer电池组，通过读取EPW气象文件可得，例如天津市全年平均气温为12.6 ℃。温度修正系数电池组如图4-10所示。

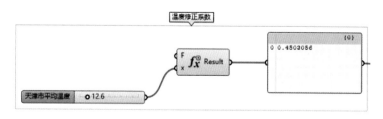

图4-10　温度修正系数电池组

（2）光温生产潜力模型

将第 3 章的光温生产潜力模型写入 Expression Designer 电池组，预留反射率 α、漏射率 β、光饱和点 γ 和温度修正系数的输入端口，输出端连接 panel 显示面板，输出单位面积的生产潜力（图 4-11）。

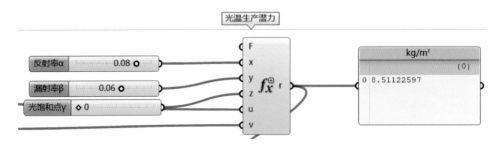

图 4-11　光温生产潜力模型电池组

（3）产量与经济收益

使用 Geometry 电池直接读取抓取的具体空间的面积，根据面积与单位产量，计算露天农田种植模式下的总产量，再根据种植系数计算在特定种植方式下的蔬菜产量和经济收益（图 4-12）。

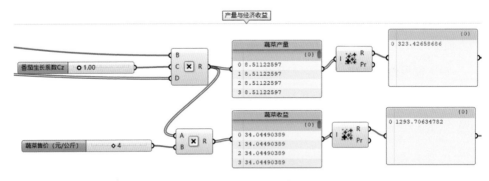

图 4-12　产量与经济效益电池组

（4）模拟平台总体

整合以上步骤，得到完整的模拟平台，包含输入端、模拟器及输出端（图 4-13）。

本书研究使用了 Ladybug 自带的光伏模拟工具 Photovoltaics Surface。该工具内置了美国可再生国家能源实验室（NREL）开发的 PVWatts 算法。算法将周围环境的

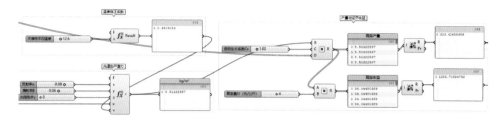

图 4-13　模拟平台总体

反射率、可安装面积、光伏组件效率、综合效率等因素考虑在内并预留了输入端口，有多种光伏组件规格可供使用，常用于晶体硅和薄膜光伏的模拟。

第一步，使用 Simplified Photovoltaics Module 电池组对光伏系统进行建模，该电池组通过设置安装类型、模块效率、温度系数和模块有效面积百分比来控制定义光伏系统（图 4-14）。模块效率是光伏组件输出的电能与太阳输出的太阳能之比，目前晶体硅光伏组件的典型组件效率范围为 14%～20%，本书研究采用 15%；温度系数用于衡量温度对光伏模块直流输出功率的影响，晶体硅组件的影响范围为 -0.44%/℃～-0.5%/℃，本研究取值 -0.5%/℃。模块有效面积百分比是指能够进行发电的晶体硅面板占总模块面积的百分比，考虑了支撑光伏组件的框架与组件之间的缝隙，本研究取值 90%。

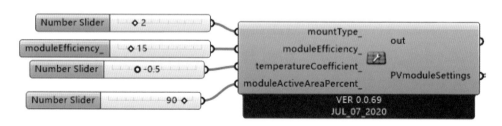

图 4-14　光伏组件建模

第二步，通过 Photovoltaics Surface 主运算器计算光伏产量，输出端口依次连接 Open EPW Weather File 读取气象文件，PVsurface 连接抓取到 Brep 中的屋顶平面，PVmoduleSettings 连接第一步中 Simplified Photovoltaics Module 的输出端，运行该程序，可在输出端 ACenergyPerHour 得到逐小时的光伏产电量，将结果相加，可得到全年光伏产电总量（图 4-15）。

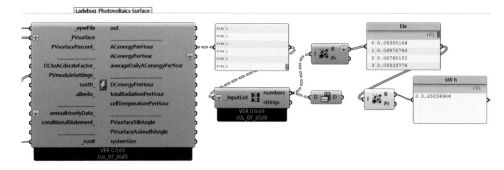

图 4-15　全年光伏产电总量模拟计算

整合前面步骤，得到完整的模拟平台，包含光伏组件建模、光伏产电量计算和数据处理三个部分（图 4-16）。

图 4-16　模拟平台总体

3. 多目标优化平台

多目标优化平台的搭建使用了基于 Grasshopper 的 Octopus 插件，该插件内置了 Ⅱ 代遗传算法，可以直接根据 4.2.2 中的多目标优化问题的数理关系进行电池组的连接，无须额外编程。

将 Octopus 主运算器的 Genome 端口连接到变量，Octopus 端口连接到目标，单击主运算器，即可进入多目标优化界面（图 4-17）。

使用上文搭建的潜力评估平台，将输入端的面积分别与各生产策略的屋顶 Geometry 相连接，建立变量与目标之间的联系。潜力评估平台的输出端为每种策略下的资源产量，将屋顶露天农业、屋顶温室、光伏温室的农业产量相加，得到农业总产量，用 Number 电池表示为数值；将屋顶光伏与温室光伏所生产的电力相加，得到电力总产量，同样使用 Number 电池表示为数值。

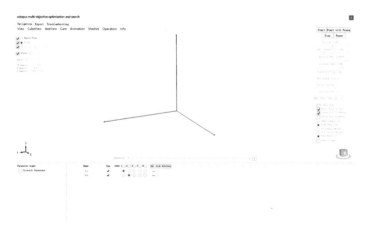

图 4-17　多目标优化界面

4. 可持续评估平台

可持续评估平台整合了 4.1.3 中的绿色生产生态节地效益评估指标，在 Evaluate 电池中内置计算公式和生产性更新策略数据，并通过上文所计算的各项生产性更新策略面积计算得到指标数据（图 4-18）。

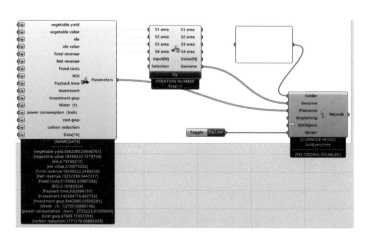

图 4-18　可持续评估平台迭代计算

5. 工具集成

针对各个平台存在的联动性差、计算过程需要手动输出输入、电池链接复杂繁多等问题，需要将所有环节在 Grasshopper 平台中进行集成。但是由于绿色生产决策支持工具是一个分步骤连续计算的程序，计算过程涉及不同数据类型的输入和输出，所以无法集成为一个完整的电池，所以本书将其打包为三个功能模块（模拟模块、优化模块和可持续评估模块），从而尽可能地将输入端和输出端进行简化，仅留下必要结构，最大限度地降低工具使用的学习成本。

4.3.3 基于 Java Web 的展示与决策平台开发

1. 系统架构设计

易于维护的 B/S 架构（Browser/Server，浏览器 / 服务器模式）是系统设计中常用的架构方式，例如基于 B/S 架构的工具管理系统[62]和基于 B/S 架构的守时运行培训系统[63]等。根据需求分析，本书将整个系统分为应用层、服务层、数据层和硬件层。

应用层是与用户交互的一层，是整个系统的顶层，系统可以通过应用层向用户反馈信息，用户也能使用应用层向系统发送请求，应用层主要包含需求分析中所有的交互功能，包括登录界面、系统首页、方案上传、方案展示与对比、系统管理等。用户通过在应用层发出的操作对服务器发出响应请求，应用层会把这些请求向下一层服务层发送，直到返回并通过可视化界面响应用户操作来实现对系统的控制。

服务层是应用层和数据层的连接桥梁，服务层也可以被看作系统架构的核心层，为系统的功能实现提供支持。系统的业务逻辑和算法模型部署在服务层里，为应用层提供各种服务，例如登录服务、用户管理服务、算法服务、权限管理、数据统计与查看、模型与数据的可视化处理等。

数据层是负责数据信息操作的层级，数据层为服务层提供数据支持，并将服务层的操作对应在数据层上进行数据转换。数据层是硬件层与服务层的中间层，存储硬件层的采集数据和系统服务中所需要的数据信息。

硬件层是架构的最后一层，主要为整个系统提供硬件基础，例如系统部署所需的服务器、数据库服务器、上网设备，以及系统的各种网络环境等软件之外的设备和环境。

2. 系统功能模块设计

本节在上文的基础上对具体的系统功能模块进行设计。网站包含登录模块、首页模块、系统管理模块、用户管理模块和方案管理模块。下面详细介绍每个模块的详细功能和任务。

（1）登录模块

登录模块是系统的开端，所有用户需要使用并进入系统时，都要首先访问登录模块中的登录界面进行账号的认证，认证后才能登录系统（图4-19）。登录模块也是展示与决策平台中的基础模块，它需要完成登录用户信息验证，授予用户不同权限，阻止外界对系统的异常访问和非法入侵系统等。

图4-19　登录界面

（2）首页模块

系统成功登录后就会自动跳转到首页模块，首页主要部署了功能模块的导航栏，点击响应位置即可进入响应的功能模块，包括系统管理、用户管理与方案管理，具体模块的功能通过下拉菜单展示（图4-20）。

图 4-20　首页界面

（3）系统管理模块

系统管理模块包括权限管理和菜单管理。权限管理是给每个用户添加不同角色，从而使得每个用户对系统拥有各自适用范围内的操作权限，避免人为原因造成系统数据的丢失或损坏（图 4-21）。

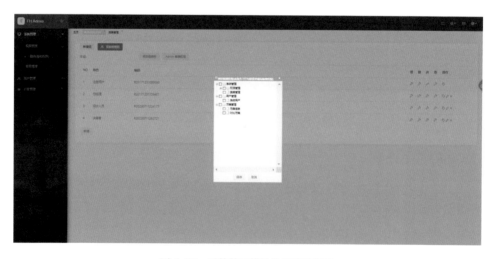

图 4-21　系统管理模块设置权限界面

（4）用户管理模块

在用户管理模块中，用户可以更新本账户的信息，修改用户信息和账号密码。用户管理模块是系统对用户信息的统一管理，可以添加、删除、修改和查询用户信息，方便用户对系统所有账号的维护（图4-22）。

图 4-22　用户管理界面

（5）方案管理模块

方案管理模块是本平台的核心功能，包括方案上传、综合决策、方案可视化和方案对比四部分功能。

方案上传模块是联系平台与 Web 平台的纽带，设计人员将 Rhino + Grasshopper 平台生成的备选方案及其可持续性指标通过上传模块导入网站后台，上传模块支持上传 obj 格式的三维模型、jpg 与 png 格式的图片与 Excel 表格数据。通过后端的 Java 技术组件对模型和数据文件进行解析并将其储存到数据库中，以便在网页中进行可视化展示（图4-23）。

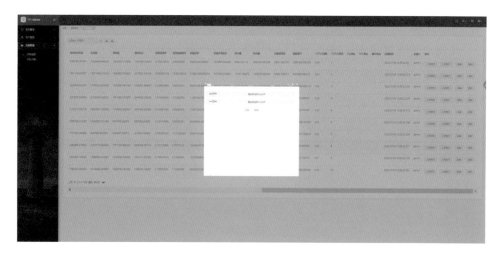

图 4-23　方案上传界面

综合决策模块的功能由后端的 JAVA 语言代码实现，它能够用 TOPSIS 方法对后台上传方案的可持续性指标的 Excel 表格数据（图 4-24）进行计算，最终得出每个备选方案的得分并排序。

```java
no usages
@RequestMapping(value = "/topSis")
@ResponseBody
public Object topSis() {
    Map<String, String> map = new HashMap<>();
    PageData pd = new PageData();
    pd = this.getPageData();
    String errInfo = "success";
    try {
        map.put("result", errInfo);          //返回结果

        //EXCEL 数据
        List<Plan> planList = planService.selectAllData();

        //1.0 正向化
        caclulateStepOne(planList);

        List<PlanStepOne> planStepOnes = planStepOneService.selectAllData();

        //2.0 标准化
        caclulateStepTwo(planStepOnes);

        List<PlanStepTwo> planStepTwoList = planStepTwoService.selectAllData();

        //3.0 计算D+  D-
        caclulateStepThree(planStepTwoList);

        List<PlanStepThree> planStepThreeList = planStepThreeService.selectAllData();

        //4.0 计算topsis，回写 excel 数据，并做 topsis排序
        caclulateStepFour(planStepThreeList);

        caclulateStepFive(planStepThreeList)
```

图 4-24　TOPSIS 后端计算代码

方案可视化模块解析与渲染后台上传的模型与数据进行，将预设方案的空间效果与可持续性数据以空间模型或图片的形式展示在网页上，便于用户获取方案信息。可持续性数据分为环境与经济两个维度，使用两张雷达图展示（图4-25）。

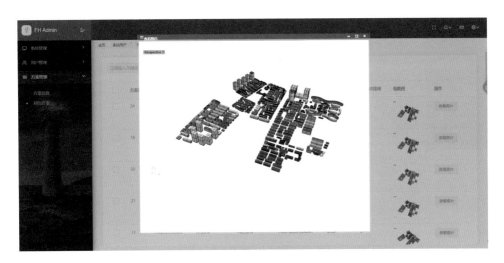

图4-25　方案预览界面

方案对比模块的功能主要是对方案进行排序和对比，支持用户根据不同的指标对备选方案进行排序，例如TOPSIS综合评分、农业自给自足潜力、能源自给自足潜力、初始投资等指标。用户可以根据具体需求确定入围方案；选中数个方案后，不仅可以查看单个方案的环境与经济指标雷达图，还可以将数个方案的指标汇总到一张雷达图上，以便更加直观地对比不同方案可持续性指标的差异（图4-26）。

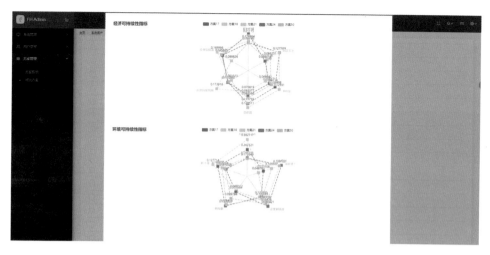

图 4-26　方案对比界面

（图 4-4 ~ 图 4-26 图片来源：课题组石礼贤绘制）

绿色生产与生态节地的实证性模拟

5.1　城市绿色生产与生态节地实证研究方法概述

在城市空间中实现"城市绿色生产与生态节地"策略，涉及"绿色生产空间适宜性评价—绿色生产潜力分析—生态节地效益评估—设计方案决策与应用"一套完整的流程。各环节适用的方法与手法，分别在本书的第 2 章、第 3 章、第 4 章进行了介绍。然而，在实际应用过程中，因研究对象尺度不同，所采用的具体方法也有所不同。主要包括以下几种方法。

（1）城市尺度下的粗略统计法

城市尺度下的方法通常是基于遥感获取城市空间信息，进而计算相关潜力，通过对比不同资源的潜力大小直接进行决策。具体来说，第一步，通过激光雷达测绘获取高分辨率的城市空间地图，或从开源网站（OpenStreetMap、高德地图等）获得城市的二维矢量地图，再导入地理信息系统对数据进行处理，得到研究区域内的总体建筑外表面面积和闲置用地面积。第二步，针对不同的绿色生产方式进行空间适宜性评价。适宜性评价的常用方法是先采用层次分析法构建评价指标，进而对不同的评价指标进行空间量化表达，通过分类筛选，建立可用的城市空间数据库。第三步，估算不同生产方式可能的资源生产潜力。估算通常是基于文献获取经验数据进行整体估算，或者是采用数学方程模型推演计算。最后一步，根据反映潜力值的空间地图进行设计，其决策结果的呈现方式多为城市总体规划或者地图（潜力地图、应用地图等）。该方法忽略了建筑立面潜力和建筑遮挡的影响，计算方式也以经验数值和推演为主，结果准确性不高。若要取得精确结果则需要进行大量的数据处理工作，不仅耗时费力，也因数据较多而对计算机性能有较高要求。

（2）建筑尺度下的实验计算法

对建筑单体进行精确建模，与此同时建设实验基地，评估与监测不同生产系统的性能，由实验数据得到其农业与光伏潜力，进而以某类性能指标为导向（如不同资源的全生命周期碳排放数据、食物–能源–水耦合度等），予以决策支持。这种方法所得面积和结果都更为精确，但只适用于小范围的绿色生产与生态节地效益计算，所得结论无法直接应用于城市尺度的节地效益，难以直接支持城市尺度的决策判断。

（3）样本建筑 / 区域推算法

样本建筑 / 区域推算法是选取区域内具有代表性的建筑单体类型，计算其资源潜力，再以此推算整个区域的总体潜力值[1]。本书在此方法的基础上进行改进，参考徐燊老师提出的城市太阳能光伏潜力评估方法[2]，提取出具有该城市典型形态特征的地块作为样本，通过计算样本地块内建筑屋顶及立面的光伏潜力，推算出整个城市的总体建筑空间光伏潜力。因为地块尺度较城市尺度小，所以这种方法研究的精细程度更高，相关数据量级更小，对计算机性能要求低，便于计算；同时较建筑尺度的研究方法，它考虑了城市环境这一影响因素，因此，这种方法可在保证计算结果精确度的同时减少计算量，适用于大范围的潜力评估计算工作。

5.2 研究样本选取与分析

5.2.1 研究区域基本概况

本书实证研究选取天津市作为研究对象。天津市地处华北平原，海河流域下游，位于北纬 38°34' ～ 40°15'，东经 116°43' ～ 118°4'，属暖温带半湿润大陆季风型气候，全年温度变化幅度较大，年平均气温为 12.6 ℃，全年 270 余天温度高于 0 ℃，年太阳辐射约为 5154.84 MJ/m²，年平均日照时数为 2387.9 ～ 2694.7 小时[3]。

天津现辖 16 个区，本书研究样本地块的选择区域为天津市中心城区，根据《天津市空间发展战略规划条例》的界定，包括和平、河北、河东、河西、南开、红桥 6 区，面积共计 177.99 km²（图 5-1 和表 5-1）。

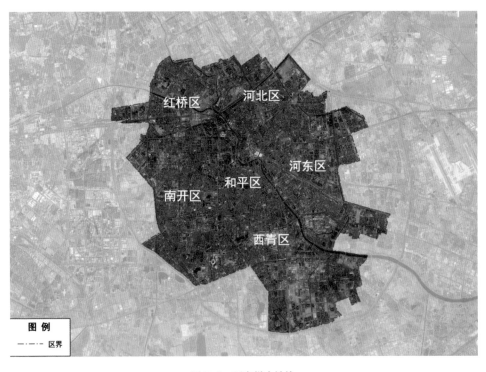

图 5-1　研究样本地块

表 5-1　研究区面积及人口信息

辖区	面积 /km²	人口 / 人
和平区	10.00	355 000
河东区	39.75	858 787
河西区	38.62	822 174
南开区	38.88	890 422
河北区	29.60	647 702
红桥区	21.14	483 130
合计（中心城区）	177.99	4 057 215

数据来源: 面积数据为作者根据行政区划矢量数据计算得到, 人口数据为第七次全国人口普查结果。

5.2.2　样本地块选取

研究先将天津市中心城区按 400 m×400 m 划分为网格，该尺度足以体现城市空间特征对光伏潜力的影响与作用[4, 5]。在此基础上，采用聚类分析的方法选取样本区域。已有研究表明，建筑密度、容积率、建筑高度是对地块太阳能潜力影响最显著的三个影响因子[6-8]，故本研究选取以上三个参数作为聚类划分的依据。就地块内部的建筑形态而言，基于文献研究及天津市居住建筑调研分析结果，本研究以典型的矩形平面作为居住建筑模型的样本形态，并将实际建筑简化为规整的长方体，以减少建筑表皮凹凸、遮阳体系、阳台、雨篷等构件的影响，提高计算速度。

研究采用 Python 脚本语言在 jupyter notebook 开发环境中实现聚类算法。该算法的核心代码和编程接口展示如图 5-2 所示。

```
In [139]:  # 对于每个族
           for i in range(3):
               # 获取该族的所有数据点
               cluster_points = X[kmeans.labels_ == i]
               cluster_points = pd.DataFrame(cluster_points, columns=['RJL', 'JZMJ', 'Ave_height'])  # 将numpy数组转化成pandas dataframe对象

               # 计算每个点到该族中心点的距离
               distances = np.sqrt(np.sum((cluster_points - centroids[i])**2, axis=1))

               # 找到距离最小的前4个点
               closest_indices = distances.argsort()[:4]

               # 将这些点添加到结果列表中
               closest_points.extend(cluster_points.iloc[closest_indices].index.tolist())

In [140]:  # 输出结果
           print(closest_points)

           [173, 83, 183, 99, 341, 302, 427, 174, 381, 484, 359, 190, 292, 348, 475, 27, 142, 55, 275, 109, 126, 124, 110, 5]

In [85]:   # 将结果保存为CSV文件
           closest_points_data = data.loc[closest_points, :]
           closest_points_data.to_csv('closest_points.csv', index=False)
```

图 5-2　样本区域选取的编程代码

结果显示，天津市中心城区可大致划分为 1277 个城市网格，剔除掉不包含建筑的网格后，得到有效城市网格 1242 个。基于 k-means 聚类算法，依照建筑密度、容积率和建筑高度三项指标的特征差异，对所有城市网格进行分类。在确定 k 值时发现，当 $k=3$ 时，轮廓系数值最大，即凝聚度和分离度最佳，因此形成了在城市形态指标上具有差异的三个聚类。选取距离三个聚类中心点最近的样本点（每个聚类中心对应 4 个，共 12 个地块）作为研究样本。

5.2.3　样本地块特征分析

1242 个城市网格的容积率普遍在 0.7 ～ 2.0 范围内，建筑密度在 18% ～ 40% 范围内，功能组成上以居住建筑为主，公共建筑次之，工业建筑最少。

尽管各地块的空间形态在城市尺度下整体差异不大，但在具体地块尺度下依然存在一定的差异。由图 5-3 所示的城市网格聚类划分结果可知，天津市中心城区样本区域可大致分为三类。三类地块在总样本中的占比约为 18.4%、41.5% 和 40.1。聚类结果关键参数箱形图如图 5-4 所示。

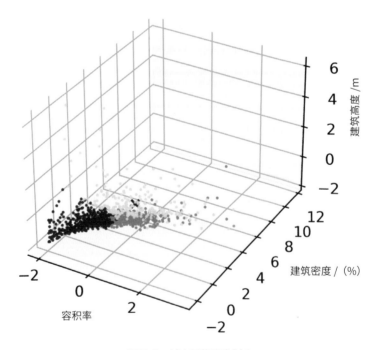

图 5-3　城市网格聚类划分

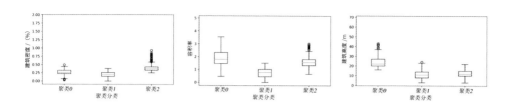

a 各聚类建筑密度箱形图   b 各聚类容积率箱形图   c 各聚类建筑高度箱形图

图 5-4　聚类结果关键参数箱形图

图 5-5 展示了天津市中心城区聚类分布情况，以及三个关键参数的空间表现结果。如图所示，三个聚类在建筑密度、容积率和建筑高度三个参数上的表现均存在差异。

表 5-2 呈现了以三个关键参数进行聚类划分后得到的聚类结果。

在每个聚类中选取样本点各 4 个，所得样本区域参数总结如表 5-3 所示。

图 5-6 展示了样本区域的二维平面布局和空间分布。

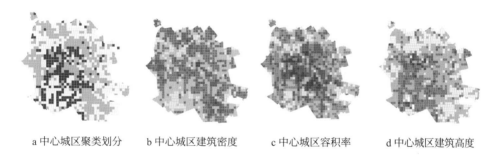

a 中心城区聚类划分   b 中心城区建筑密度   c 中心城区容积率   d 中心城区建筑高度

图 5-5　聚类划分与空间分布图

表 5-2　天津市六区城市网格聚类算法的分类结果

聚类	层数	建筑密度 /（%）	容积率	平均建筑高度 /m
0	多层	26.27	1.93	25（≤ 27）
1	低层	40.11	1.59	12（≤ 18）
2	低层	19.15	0.72	11（≤ 18）

表 5-3　样本区域的形态参数

聚类	样本区域	建筑密度 / (%)	容积率	平均建筑高度 /m
0	A-1	0.27	1.99	25
	A-2	0.27	1.87	23
	A-3	0.30	1.87	24
	A-4	0.26	1.78	25
1	B-1	0.40	1.63	12
	B-2	0.40	1.60	12
	B-3	0.39	1.58	12
	B-4	0.40	1.53	12
2	C-1	0.19	0.80	11
	C-2	0.20	0.77	11
	C-3	0.18	0.68	11
	C-4	0.19	0.66	11

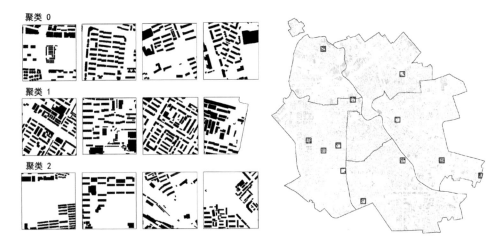

图 5-6　样本区域所对应的建筑平面及其所在位置

（图 5-1 ～图 5-6 图片来源：课题组杨小迪绘制）

170　城市绿色生产与生态节地

在 Rhino 中构建了以上地块的三维模型，表 5-4 展示了样本区域的空间效果。从表中可以清楚地看到，当根据建筑密度、容积率和建筑高度对区域进行聚类划分时，能有效区分各样本空间。与此同时，聚类内部所呈现的空间形态差异不大。因此，本研究所选样本可代表天津市中心城区普遍存在的三种空间类型。

表 5-4　样本区域聚类结果

聚类分类		样本区域的空间效果			
聚类 0					
建筑密度	26%～30%				
容积率	1.78～1.99				
建筑高度	23～25 m				
聚类 1					
建筑密度	39%～40%				
容积率	1.53～1.63				
建筑高度	12 m 左右				
聚类 2					
建筑密度	18%～20%				
容积率	0.66～0.80				
建筑高度	11 m 左右				

注：表 5-2～表 5-4 由课题组杨小迪绘制。

5.3 样本地块的绿色生产潜力评估与多目标优化

5.3.1 样本地块绿色生产潜力评估结果

1. 聚类 0 绿色生产潜力评估结果

（1）辐射照度模拟

表 5-5 显示了聚类 0 内建筑物屋顶和立面的年平均太阳辐射照度模拟结果，4 个样本区域的年总辐射照度维持在 80.5 ～ 97.7 GW·h 范围内。可以看出，聚类 0 所含地块具有较大的辐射潜力，如样本 A-2 的年总辐射照度高达 97.7 GW·h。

基于太阳辐射模拟结果可对屋顶和立面可用空间进行筛查。农业生产方面筛选掉日照时长不满足作物生长最低需求的屋顶，光伏发电方面筛选掉单位面积的全年太阳辐射低于辐射阈值的屋顶。

表 5-5　建筑表面太阳辐射模拟

样本编号	平均立面辐射照度 /（kW·h/m²）	平均屋顶辐射照度 /（kW·h/m²）	立面总辐射照度 /（GW·h）	屋顶总辐射照度 /（GW·h）	太阳辐射模拟结果
A-1	669.93	1180.71	48.67	40.22	
A-2	644.08	1202.37	50.80	46.90	
A-3	636.66	1177.24	44.96	44.01	
A-4	681.33	1193.69	41.62	38.88	

（2）综合潜力评估

根据各表面的太阳辐射模拟结果，通过 Grasshopper 平台中自带的 Math 工具可对该区域农业潜力进行计算，光伏潜力计算则是通过 Ladybug 中的 PVsurface 功能实现。

研究分别计算了聚类 0 中不同样本区域内屋顶和立面的总绿色生产潜力和单位面积绿色生产潜力。对于屋顶空间，聚类 0 中 4 个样本的年总光伏潜力分别为 2.12 GW·h、2.30 GW·h、2.49 GW·h 和 2.24 GW·h，单位用地面积的年平均屋面光伏利用潜力分别为 61.45 kW·h/m²、60.02 kW·h/m²、66.27 kW·h/m² 和 68.61 kW·h/m²。对于立面空间，聚类 0 中 4 个样本的年总光伏潜力分别为 2.68 GW·h、2.65 GW·h、2.24 GW·h 和 2.03 GW·h，单位用地面积的年平均光伏利用潜力分别为 36.62 kW·h/m²、31.74 kW·h/m²、32.17 kW·h/m² 和 36.10 kW·h/m²。

同时，计算了聚类 0 中不同样本区域内屋顶和立面的总农业生产潜力和单位面积农业生产潜力。对于屋顶空间，聚类 0 中 4 个样本的年总农业生产潜力分别为 1015.73 t、1125.66 t、1063.55 t 和 894.87 t，单位用地面积的年平均屋面农业生产利用潜力分别为 29.49 kg/m²、29.31 kg/m²、28.26 kg/m² 和 27.46 kg/m²。对于立面空间，聚类 0 中 4 个样本的年总农业生产潜力分别为 675.03 t、776.44 t、662.03 t 和 538.98 t，单位用地面积的年平均农业生产利用潜力分别为 9.21 kg/m²、9.30 kg/m²、9.49 kg/m² 和 9.57 kg/m²。

2. 聚类 1 绿色生产潜力评估结果

（1）辐射照度模拟

表 5-6 显示了聚类 1 内建筑物屋顶和立面的年平均太阳辐射照度模拟结果，聚类 1 所含地块的辐射潜力比聚类 0 的更大。例如，样本 B-3 的年总辐射照度高达 102.47 GW·h。

（2）综合潜力评估

基于太阳辐射模拟结果，本研究分别计算了聚类 1 中不同样本区域内屋顶和立面的总绿色生产潜力和单位面积绿色生产潜力。对于屋顶空间，聚类 1 中 4 个样本的年总光伏潜力分别为 3.15 GW·h、2.91 GW·h、2.89 GW·h 和 2.32 GW·h，单位用地面积的年平均屋面光伏利用潜力分别为 58.33 kW·h/m²、63.41 kW·h/m²、

表 5-6　建筑表面太阳辐射模拟

样本编号	平均立面辐射照度 /（kW·h/m²）	平均屋顶辐射照度 /（kW·h/m²）	立面总辐射照度 /（GW·h）	屋顶总辐射照度 /（GW·h）	太阳辐射模拟结果
B-1	652.24	1205.45	35.50	65.06	
B-2	661.36	1197.24	36.85	54.68	
B-3	642.06	1206.84	40.26	62.21	
B-4	679.84	1212.35	22.61	40.69	

55.72 kW·h/m² 和 68.68 kW·h/m²。对于立面空间，聚类 1 中 4 个样本的年总光伏潜力分别为 1.74 GW·h、1.67 GW·h、1.95 GW·h 和 1.19 GW·h，单位用地面积的年平均光伏利用潜力分别为 31.58 kW·h/m²、30.74 kW·h/m²、33.14 kW·h/m² 和 34.27 kW·h/m²。

　　与此同时，研究分别计算了聚类 1 中不同样本区域内屋顶和立面的总农业生产潜力和单位面积农业生产潜力。对于屋顶空间，聚类 1 中 4 个样本的年总农业生产潜力分别为 1513.96 t、1248.76 t、1506.43 t 和 912.59 t，单位用地面积的年平均屋面农业生产利用潜力分别为 28.02 kg/m²、27.20 kg/m²、29.03 kg/m² 和 26.99 kg/m²。对于立面空间，聚类 1 中 4 个样本的年总农业生产潜力分别为 512.34 t、540.70 t、570.79 t 和 321.42 t，单位用地面积的年平均农业生产利用潜力分别为 9.27 kg/m²、9.94 kg/m²、9.72 kg/m² 和 9.25 kg/m²。

3. 聚类 2 绿色生产潜力评估结果

（1）辐射照度模拟

表 5-7 显示了聚类 2 内建筑物屋顶和立面的年平均太阳辐射照度模拟结果，4 个样本区域的年总辐射照度维持在 50 ～ 55 GW·h 范围内。可以看出，聚类 2 所含地块的辐射潜力明显小于其他两个聚类。

表 5-7　建筑表面太阳辐射模拟

样本编号	平均立面辐射照度 / (kW·h/m²)	平均屋顶辐射照度 / (kW·h/m²)	立面总辐射照度 / (GW·h)	屋顶总辐射照度 / (GW·h)	太阳辐射模拟结果
C-1	700.60	1225.88	19.52	29.75	
C-2	678.26	1235.81	20.11	34.35	
C-3	699.93	1217.68	20.78	28.88	
C-4	659.45	1206.87	23.86	31.97	

注：表 5-5~ 表 5-7 由课题组杨小迪绘制。

（2）综合潜力评估

基于太阳辐射模拟结果，本研究分别计算了聚类 2 中不同样本区域内屋顶和立面的总绿色生产潜力和单位面积绿色生产潜力。对于屋顶空间，聚类 2 中 4 个样本的年总光伏潜力分别为 1.71 GW·h、2.00 GW·h、1.55 GW·h 和 1.62 GW·h，单位用地面积的年平均屋面光伏利用潜力分别为 68.92 kW·h/m²、71.79 kW·h/m²、65.44 kW·h/m² 和 61.07 kW·h/m²。对于立面空间，聚类 2 中 4 个样本的年总光伏潜力分别为 0.82 GW·h、0.82 GW·h、0.94 GW·h 和 1.15 GW·h，单位用地面积的年平均光伏利用潜力分别为 31.17 kW·h/m²、32.98 kW·h/m²、33.82 kW·h/m² 和 33.20 kW·h/m²。

本研究分别计算了聚类 2 中不同样本区域内屋顶和立面的总农业生产潜力和单位面积农业生产潜力。对于屋顶空间，聚类 2 中 4 个样本的年总农业生产潜力分别为 653.85 t、776.11 t、671.88 t 和 760.71 t，单位用地面积的年平均屋面农业生产利用潜力分别为 26.34 kg/m²、27.92 kg/m²、28.31 kg/m² 和 28.69 kg/m²。对于立面空间，聚类 2 中 4 个样本的年总农业生产潜力分别为 288.30 t、228.41 t、290.25 t 和 303.41 t，单位用地面积的年平均农业生产利用潜力分别为 11.00 kg/m²、9.23 kg/m²、10.40 kg/m² 和 8.78 kg/m²。

5.3.2　多目标优化与节地效益测算基础数据

研究基于不同策略应用于该表面时所创造的光伏和农业潜力及初始投资成本计算结果进行多目标优化，筛选出可以同时满足"光伏和农业生产潜力最大化，初始投资最小化"的方案。所需数值涉及生态节地效益指标中的经济指标部分，本小节对生态节地效益指标进行了综合介绍。

对于屋顶空间，研究采用露天种植、屋顶光伏、屋顶温室和光伏温室四种绿色生产策略。对于立面空间，研究采用立面种植、立面光伏、光伏和农业结合三种绿色生产策略。表 5-8 显示了每种屋顶策略对应的经济与环境参数，表 5-9 显示了每种立面策略对应的经济与环境参数。

表 5-8　屋顶策略对应的经济与环境参数

生产性策略	露天种植	屋顶光伏	屋顶温室	光伏温室
造价 /（元 /m²）	300	572	800	1550
设备 GWP	1.311	—	24.702	24.702
建造 GWP	21.712	24	24.651	37.731
基质与肥料 /［元 /（m²·年）］	1.75	—	16	16
耗水量 /［L /（m²·年）］	157.49	0.25	100	100
耗电量 /（kW·h/m²）	0.13	—	53	81

表 5-9　立面策略对应的经济与环境参数

生产性策略	立面种植	立面光伏	光伏和农业结合
造价 /（元 /m²）	1850	1144	1497
建造和维护 GWP	431.62	77.35	254.485
耗水量 /[L/（m²·年）]	23.62	0.25	11.81
耗电量 /（kW·h/m²）	0.936	—	0.468

关于光伏相关数据，需要说明的有三点。第一，尽管光伏温室采用薄膜光伏时其透光性更好，但为方便统计，屋顶和立面的光伏系统均选用性能相同的单晶硅光伏组件。第二，光伏造价方面，根据既往研究，BAPV 综合造价约为 572 元 /m²，其中包含系统支架配件和光伏发电组件单元板等 [9]。根据开发商与设计师经验，立面光伏造价较屋顶光伏会高一倍左右，且楼越高价格越高。本研究以立面光伏造价为屋顶造价 2 倍进行估算。第三，光伏的清洗用水为每次 0.2 ～ 0.3 L/m²，每年清洗次数不定，需要根据所处地区的污染程度确定。光伏维护用电率（厂用电率）一般是发电量的 2% ～ 3%，用于支撑逆变器和配电设备的运行，但这部分电量一般会在系统综合效率中扣除。

光伏系统的环境参数参考屋顶和立面集成光伏的全生命周期分析。需要说明的是，由于我国缺乏此类研究数据，相关环境数据参考了 Amoruso 等 [10] 及 Khadija Benis 等在葡萄牙研究的模拟数据 [11-13]。

关于农业相关数据，需要说明以下几点。第一，屋顶农业产量与用水量的数据参考北京市市场监督管理局发布的《用水定额 第 2 部分：蔬菜和中药材》（DB11/T 1764.2—2021），其中叶菜包括油菜、菠菜、芹菜、生菜、快菜等，采用微灌灌水技术灌溉用水定额为 105 m³/ 亩，即 157.49 L/m²。采用温室水培种植方式比露天种植更加节水，耗水量为 60 ～ 137 L/（m²·年），本研究取平均值 100 L/（m²·年）。如采用无土栽培，耗水量将减少 80% 至 90%，本研究取中间值为 23.62 L/m²。第二，屋顶种植的造价通过咨询天津市当地建造商获得，立面农业造价根据既往研究处于 1200 ～ 5000 元 /m² [14]，其中水培式的价格在 1200 ～ 2500 元 /m² [15]，该价格已包含植物价格与固定种植与养护费用。露天种植的基质与肥料价格处于 0.5 ～ 3 元 /（m²·年），温室种植的基质与肥料价格处于 10 ～ 20 元 /（m²·年），均值为 16

元 /（m²·年），以上数据由为盒马生鲜供货的西安一线企业提供。本研究均选取价格的平均值。第三，农业种植的电力消耗主要是灌溉用电。屋顶每千克西红柿灌溉所需的电力约为 0.13 kW·h/m²。温室的电力消耗除了灌溉用电之外，还包括设备、照明、加热、冷却等方面的用电。根据里斯本的一项屋顶温室能耗模拟研究的结果，系统 2 和系统 3 的能耗为 53 kW·h/m² 和 81 kW·h/m² [12]。根据 2021 年国际能源署的报告，垂直农场的平均能源使用量要比传统温室高得多，每千克农产品耗电量约为传统农业的 7.2 倍。第四，由于缺乏中国的相关研究，农业的环境数据参考过往关于地中海地区的全生命周期研究 [16]。

立面光伏与农业的数据则参考新加坡生产性立面实验室的相关研究与结果，立面上光伏和农业的面积占比约为 1∶1，取值方式为农业与光伏数据和的一半。

5.3.3　样本地块多目标优化结果

1. 聚类 0 样本多目标优化结果

（1）各类绿色生产策略面积占比

研究为每个方案创建一张堆叠条形图，其中不同颜色代表不同策略，表 5-10 展示了聚类 0 中建筑表面各策略面积占比。

屋顶利用形式方面，研究结果揭示了各种屋顶类型在总体结构布局中的占比与功能定位。其中，光伏温室占主导地位，在 4 个样本中平均约占总面积的 31.29%、39.41%、41.21%、46.11%。这种结构融合了可再生能源的获取与农业生产的双重功能，展现了在有限空间内实现能源与食物自给的高效利用方式。紧随其后的是屋顶光伏系统，在 4 个样本中分别约占总面积的 29.48%、36.21%、35.93%、34.53%。而屋顶温室在 4 个样本中占比分别为 31.66%、18.77%、17.94%、15.53%。这种利用方式不仅增强了食物供应的安全性与可持续性，还为城市居民提供了亲近自然与参与城市农业生产的机会。露天种植区域，尽管其在总面积中所占比例较小，在 4 个样本中分别约占总面积的 7.58%、5.62%、4.93%、3.84%，但仍是城市绿化和休闲空间的重要组成部分。

建筑立面利用形式方面，在聚类 0 样本中立面种植分别约占总面积的 31.44%、29.34%、30.03%、18.48%。这表明在立面设计中，将一部分空间用于种植是一种较为常见的做法。立面光伏面积分别约占总面积的 38.74%、36.41%、36.91%、41.70%。另外，分别约有 39.96%、34.71%、39.54%、39.04% 的面积采用光伏和农业结合的策略。这种集成种植和光伏的系统可以兼顾食物和农业的可持续性目标。

表 5-10 分别展示了屋顶和立面各方案中不同策略面积的占比。在屋顶各策略面积占比条形图中，蓝色部分表示露天种植区域占比，黄色部分表示屋顶光伏系统安装区域占比，绿色部分表示屋顶温室占比，粉色部分表示光伏温室区域占比。在立面各策略面积占比条形图中，蓝色部分表示立面种植区域占比，黄色部分表示立面

表 5-10　建筑表面各策略面积占比

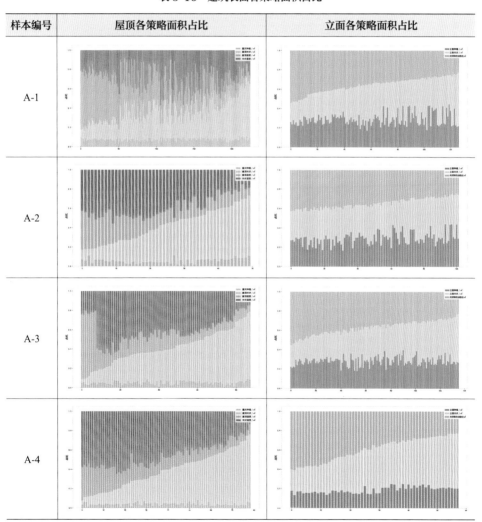

光伏区域占比，绿色部分表示光伏和农业结合区域占比。

（2）资源供需分析

根据以上策略的空间占比分配方案，计算可得该方案下农业和光伏生产产量，如表 5-11 所示，其中蓝色代表该方案农业产量，橙色代表该方案光伏产量，横轴为多目标优化所得方案编号。

根据模型计算出区域内公共建筑和居住建筑的总面积，并根据天津市居住和办公人均居住面积计算出总常住人口。其中天津市人均居住面积为 34.97 m²（根据第

表 5-11　聚类 0 样本区域的绿色生产产量分析

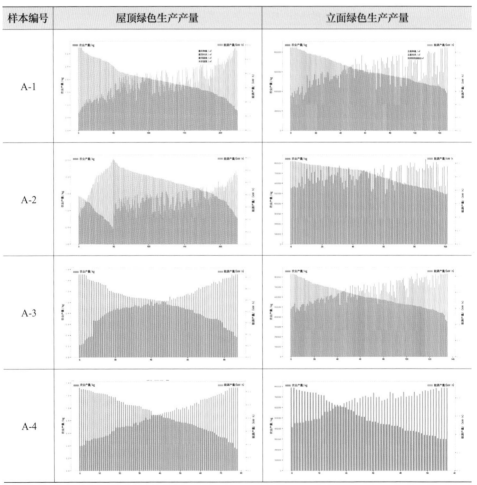

样本编号	屋顶绿色生产产量	立面绿色生产产量
A-1		
A-2		
A-3		
A-4		

注：表 5-10 和表 5-11 由课题组杨小迪绘制。

七次全国人口普查结果），天津市 2022 年一级办公用房编制定员规定每人平均建筑面积为 26～30 m²，本研究选取了 26 m²/ 人的标准进行计算。

食物与能源消费情况根据《2020 年天津统计年鉴》中的统计数据进行计算。食物需求方面，按照 2019 年天津市城镇居民主要食物的年消费量，计算得到人均蔬菜消耗量为 115.8 kg/ 年。能源消费方面，本研究参照年鉴中城镇居民人均电力消费标准，设为 831.3 kW·h/ 年。

由以上数据计算可知聚类 0 各个样本区域常住人口数和年均蔬菜与电力消耗量（表 5-12）。

表 5-12　样本区域常住人口数和年均蔬菜与电力消耗量

样本编号	公共建筑面积 /m²	居住建筑面积 /m²	人数	年均蔬菜消耗量 /kg	电力消耗量 /（GW·h）
A-1	94 846.00	223 915.08	10 050	1 163 904.10	8.36
A-2	7094.83	375 276.12	11 004	1 274 292.30	9.15
A-3	109 728.06	213 273.41	10 319	1 194 947.55	8.58
A-4	70 692.19	222 476.95	9081	1 051 564.45	7.55

已知样本区域的年均蔬菜与电力消耗量，以及可能的蔬菜与电力生产产量，可分别确定聚类 0 各个样本区域的蔬菜与电力供需情况。表 5-13 对聚类 0 样本区域各方案供需情况进行了可视化，其中，横坐标代表农业自给自足潜力，纵坐标代表能源自给自足潜力。

以上结果显示，对于屋顶空间，在 A-1 的全部 225 种方案中，农业自给自足潜力在 67% 与 250% 之间，其中有 210 个方案满足农业自给自足；能源自给自足潜力在 14% 与 35% 之间。在 A-2 的全部 225 种方案中，农业自给自足潜力在 67% 与 113% 之间，其中有 15 个方案满足农业自给自足；能源自给自足潜力在 13% 与 34% 之间。在 A-3 的全部 88 种方案中，农业自给自足潜力在 31% 与 130% 之间；能源自给自足潜力在 9% 与 43% 之间。在 A-4 的全部 79 种方案中，农业自给自足潜力在 33% 与 129% 之间，其中有 27 个方案满足农业自给自足；能源自给自足潜力在 12% 与 43% 之间。

表 5-13　聚类 0 样本区域的蔬菜与电力供需分析

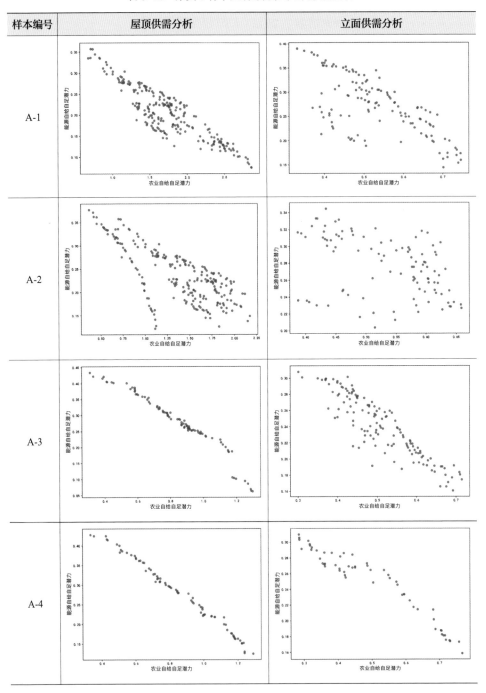

对于建筑立面空间，在 A-1 的全部 127 种方案中，农业自给自足潜力在 33% 与 75% 之间；能源自给自足潜力在 17% 与 39% 之间。在 A-2 的全部 102 种方案中，农业自给自足潜力在 39% 与 66% 之间；能源自给自足潜力在 23% 与 32% 之间。在 A-3 的全部 136 种方案中，农业自给自足潜力在 30% 与 71% 之间；能源自给自足潜力在 17% 与 31% 之间。在 A-4 的全部 58 种方案中，农业自给自足潜力在 29% 与 77% 之间；能源自给自足潜力在 16% 与 31% 之间。

2．聚类 1 样本多目标优化结果

（1）各类绿色生产策略面积占比

表 5-14 展示了聚类 1 中建筑表面各策略面积占比。在对屋顶利用形式的研究中，不同生产策略在总体结构布局中的占比存在一定的浮动。其中，光伏温室在 4 个样本中分别约占总面积的 41.70%、43.64%、40.93%、46.37%，屋顶光伏系统分别约占总面积的 24.93%、31.82%、29.59%、35.81%，屋顶温室分别约占总面积的 25.25%、19.43%、20.99%、14.24%。露天种植区域占比较小，在 4 个样本中分别约占总面积的 8.11%、5.11%、8.49%、3.59%。

在对建筑立面利用形式的研究中，在聚类 1 样本中立面种植面积分别约占总面积的 30.20%、30.33%、28.58%、30.96%，立面光伏面积分别约占总面积的 36.36%、35.81%、34.53%、36.67%。另外，分别约有 35.03%、36.10%、38.75%、38.29% 的面积采用光伏和农业结合的策略。

表 5-14 分别展示了屋顶和立面各方案中不同策略面积的占比。在屋顶各策略面积占比条形图中，蓝色部分表示露天种植区域占比，黄色部分表示屋顶光伏系统安装区域占比，绿色部分表示屋顶温室占比，粉色部分代表光伏温室区域占比。在立面各策略面积占比条形图中，蓝色部分表示立面种植区域占比，黄色部分表示立面光伏区域占比，绿色部分表示光伏和农业结合区域占比。

（2）资源供需分析

根据以上策略的空间占比分配方案，计算可得该方案下农业和光伏生产产量，如表 5-15 所示，其中蓝色代表该方案农业产量，橙色代表该方案光伏产量，横轴为多目标优化所得方案编号。

已知天津市人均蔬菜与电力消耗量，计算可得聚类 1 各个样本区域常住人口数

表 5-14　建筑表面各策略面积占比

样本编号	屋顶各策略面积占比	立面各策略面积占比
B-1		
B-2		
B-3		
B-4		

和年均蔬菜与电力消耗量（表 5-16）。

　　已知样本区域的年均蔬菜与电力消耗量，以及可能的蔬菜与电力生产产量，可分别确定聚类 1 各个样本区域的蔬菜与电力供需情况。表 5-17 对聚类 1 样本区域各方案供需情况进行了可视化，其中，横坐标代表农业自给自足潜力，纵坐标代表能源自给自足潜力。

　　以上结果显示，对于屋顶空间，在 B-1 的全部 41 种方案中，农业自给自足潜力在 108% 与 172% 之间，均满足农业自给自足；能源自给自足潜力在 23% 与 50% 之

表 5-15　聚类 1 样本区域的绿色生产产量分析

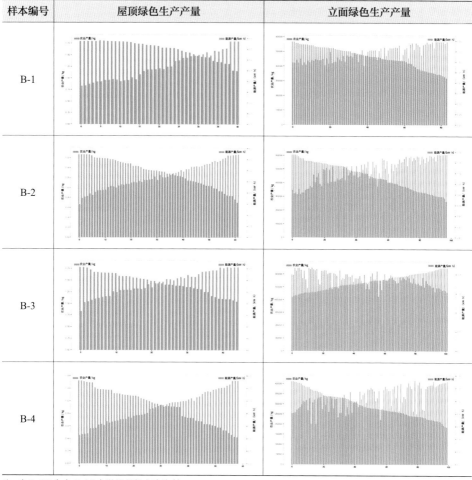

样本编号	屋顶绿色生产产量	立面绿色生产产量
B-1		
B-2		
B-3		
B-4		

注：表 5-13 和表 5-15 由课题组杨小迪绘制。

表 5-16　样本区域常住人口数和年均蔬菜与电力消耗量

样本编号	公共建筑面积 /m²	居住建筑面积 /m²	人数	年均蔬菜消耗量 /kg	年均电力消耗量 /（GW·h）
B-1	120 981.80	160 887.97	9254	1 071 600.33	7.69
B-2	47 268.82	148 014.09	6051	700 663.34	5.03
B-3	13 952.09	276 597.13	8446	978 066.87	7.02
B-4	145 957.08	49 426.75	7027	813 742.61	5.84

表5-17 聚类1样本区域的蔬菜与电力供需分析

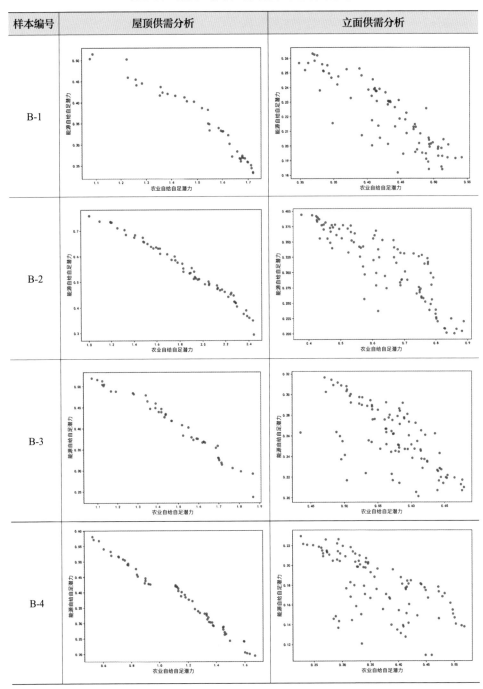

间。在 B-2 的全部 62 种方案中，农业自给自足潜力在 100% 与 244% 之间，均满足农业自给自足；能源自给自足潜力在 35% 与 76% 之间。在 B-3 的全部 45 种方案中，农业自给自足潜力在 107% 与 187% 之间，所有方案均满足农业自给自足；能源自给自足潜力在 24% 与 52% 之间。在 B-4 的全部 59 种方案中，农业自给自足潜力在 52% 与 167% 之间，其中有 38 个方案满足农业自给自足；能源自给自足潜力在 19% 与 58% 之间。

对于建筑立面空间，在 B-1 的全部 84 种方案中，农业自给自足潜力在 30% 与 54% 之间；能源自给自足潜力在 19% 与 26% 之间。在 B-2 的全部 98 种方案中，农业自给自足潜力在 38% 与 89% 之间；能源自给自足潜力在 22% 与 39% 之间。在 B-3 的全部 102 种方案中，农业自给自足潜力在 43% 与 68% 之间；能源自给自足潜力在 21% 与 32% 之间。在 B-4 的全部 100 种方案中，农业自给自足潜力在 23% 与 52% 之间；能源自给自足潜力在 14% 与 23% 之间。

3. 聚类 2 样本多目标优化结果

（1）各类绿色生产策略面积占比

表 5-18 展示了聚类 2 中建筑表面各策略面积占比。在对屋顶利用形式的研究中，不同生产策略在总体结构布局中的占比存在一定的浮动。其中，光伏温室在 4 个样本中分别约占总面积的 43.54%、52.21%、52.20%、40.17%，屋顶光伏系统占比分别为 29.95%、35.62%、30.61%、35.34%，屋顶温室占比分别为 21.42%、10.29%、12.45%、19.53%。露天种植区域占比较小，在 4 个样本中分别约占总面积的 5.09%、1.87%、4.74%、4.96%。

在对建筑立面利用形式的研究中，在聚类 2 样本中立面种植面积分别约占总面积的 29.57%、29.02%、30.03%、28.36%，立面光伏面积分别约占总面积的 35.69%、32.25%、37.08%、36.22%。另外，分别约有 38.22%、40.44%、39.90%、38.62% 的面积采用光伏和农业结合的策略。

表 5-18 分别展示了屋顶和立面各方案中不同策略面积的占比。在屋顶各策略面积占比条形图中，蓝色部分表示露天种植区域占比，黄色部分表示屋顶光伏系统安装区域占比，绿色部分表示屋顶温室占比，粉色部分代表光伏温室区域占比。在立面各策略面积占比条形图中，蓝色部分表示立面种植区域占比，黄色部分表示立面

表 5-18 建筑表面各策略面积占比

样本编号	屋顶各策略面积占比	立面各策略面积占比
C-1	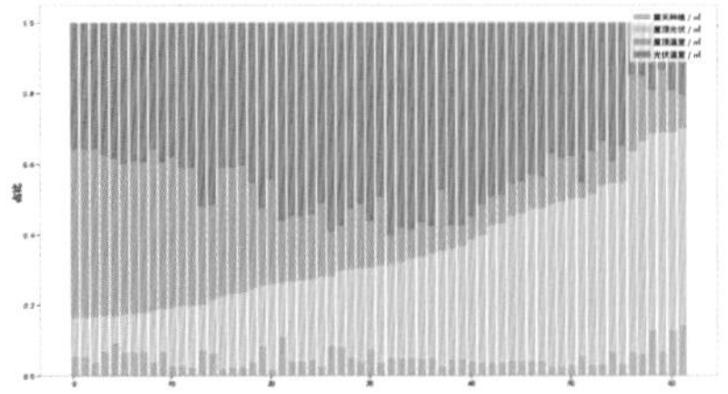	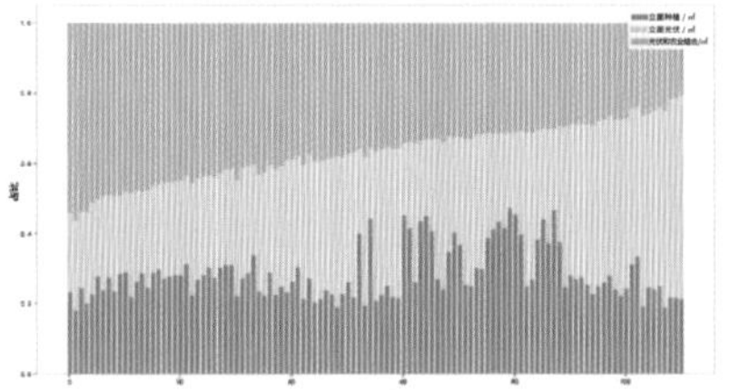
C-2	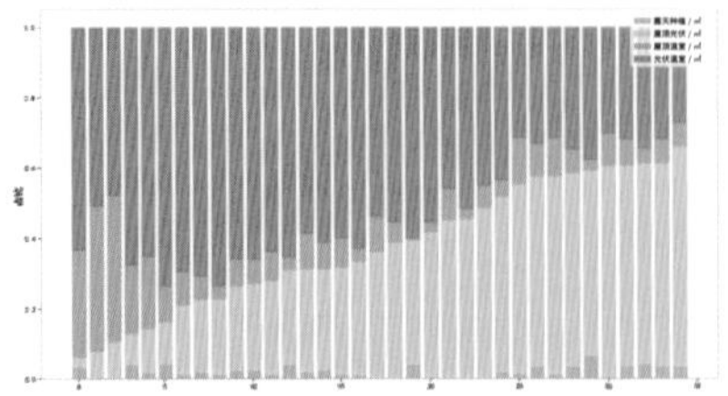	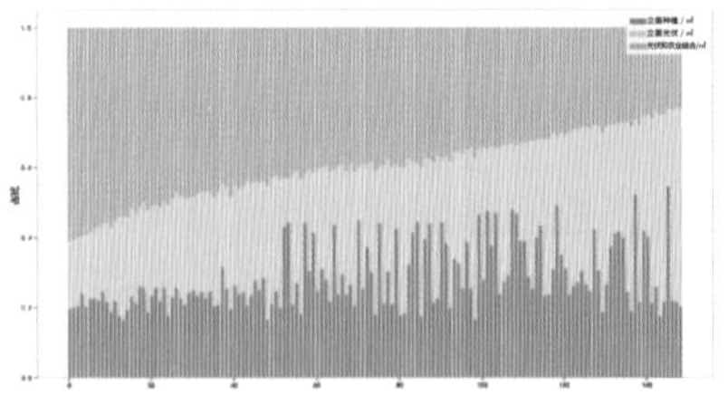
C-3	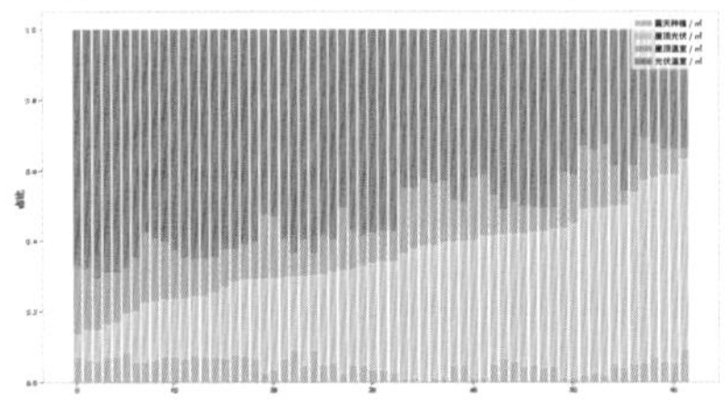	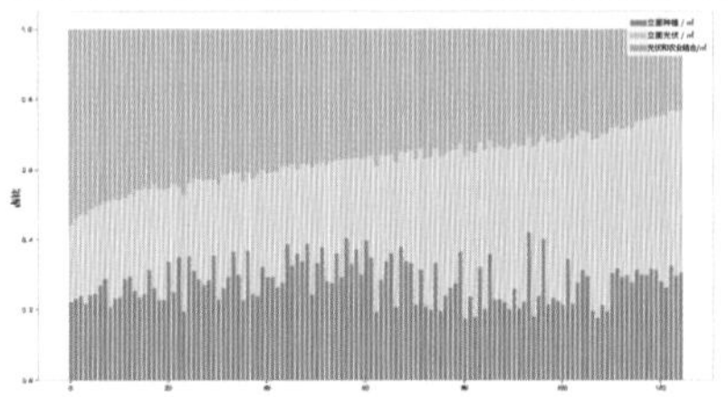
C-4	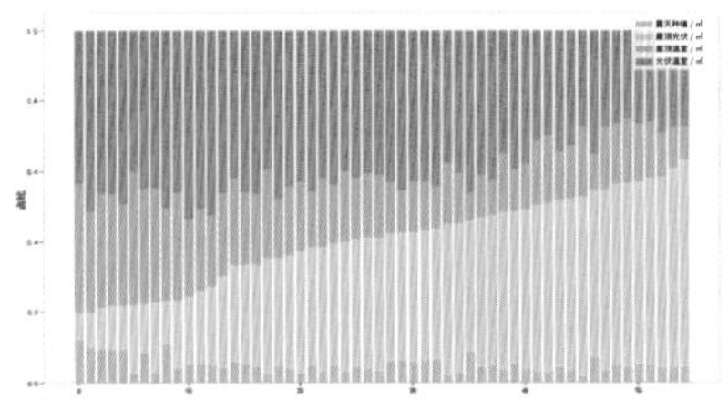	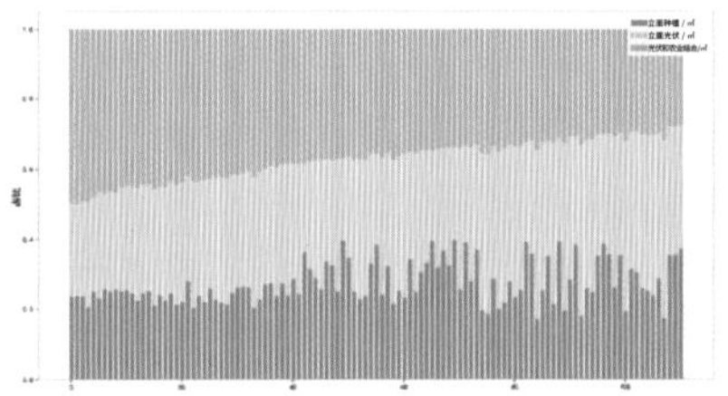

光伏区域占比，绿色部分表示光伏和农业结合区域占比。

（2）资源供需分析

根据以上策略的空间占比分配方案，计算可得该方案下农业和光伏生产产量，如表 5-19 所示，其中蓝色代表该方案农业产量，橙色代表该方案光伏产量，横轴为多目标优化所得方案编号。

已知天津市人均蔬菜与电力消耗量，计算可得聚类 2 各个样本区域常住人口数和年均蔬菜与电力消耗量（表 5-20）。

已知样本区域的年均蔬菜与电力消耗量，以及可能的蔬菜与电力生产产量，可

表5-19　聚类2样本区域的绿色生产产量分析

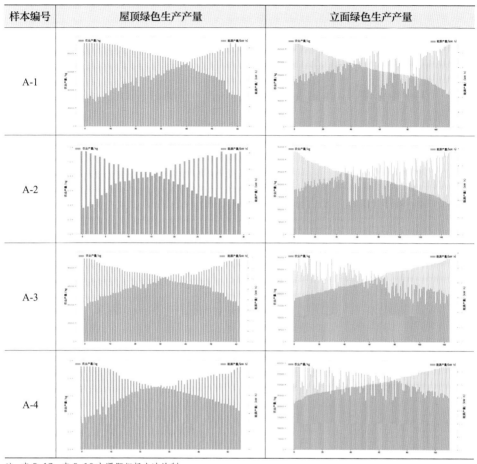

注：表5-17~表5-19由课题组杨小迪绘制。

表5-20　样本区域常住人口数和年均蔬菜与电力消耗量

样本编号	公共建筑面积 /m²	居住建筑面积 /m²	人数	年均蔬菜消耗量 /kg	年均电力消耗量 /（GW·h）
C-1	44 239.63	82 872.80	4071	471 462.29	3.38
C-2	54 361.87	99 758.94	4944	572 462.14	4.11
C-3	51 955.70	61 560.68	3759	435 255.32	3.12
C-4	38 799.11	122 551.03	4997	578 621.91	4.15

分别确定聚类 2 各个样本区域的蔬菜与电力供需情况。表 5-21 对聚类 2 样本区域各方案供需情况进行了可视化，其中，横坐标代表农业自给自足潜力，纵坐标代表能源自给自足潜力。

以上结果显示，对于屋顶空间，在 C-1 的全部 62 种方案中，农业自给自足潜力在 71% 与 199% 之间，其中有 56 个方案满足农业自给自足；能源自给自足潜力在 21% 与 60% 之间。在 C-2 的全部 35 种方案中，农业自给自足潜力在 75% 与 206% 之间，其中有 25 个方案满足农业自给自足；能源自给自足潜力在 20% 与 64% 之间。在 C-3 的全部 62 种方案中，农业自给自足潜力在 90% 与 212% 之间，其中有 61 个方案满足农业自给自足；能源自给自足潜力在 27% 与 65% 之间。在 C-4 的全部 55 种方案中，农业自给自足潜力在 76% 与 166% 之间，其中有 44 个方案满足农业自给自足；能源自给自足潜力在 18% 与 57% 之间。

对于建筑立面空间，在 C-1 的全部 111 种方案中，农业自给自足潜力在 27% 与 70% 之间；能源自给自足潜力在 17% 与 34% 之间。在 C-2 的全部 149 种方案中，

表 5-21　聚类 2 样本区域的蔬菜与电力供需分析

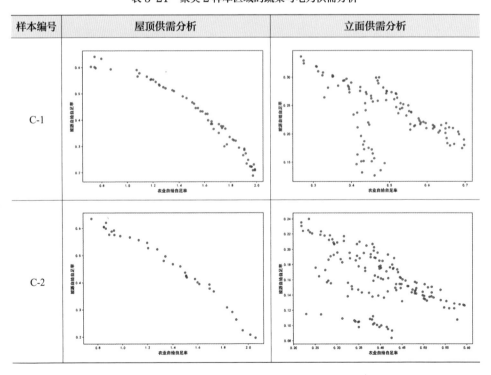

样本编号	屋顶供需分析	立面供需分析
C-1		
C-2		

样本编号	屋顶供需分析	立面供需分析
C-3		
C-4		

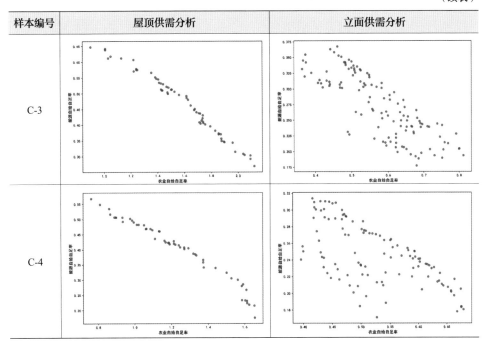

农业自给自足潜力在 22% 与 59% 之间；能源自给自足潜力在 13% 与 26% 之间。在 C-3 的全部 125 种方案中，农业自给自足潜力在 36% 与 81% 之间；能源自给自足潜力在 19% 与 37% 之间。在 C-4 的全部 111 种方案中，农业自给自足潜力在 40% 与 68% 之间；能源自给自足潜力在 19% 与 31% 之间。

5.3.4 多目标优化结果分析

以聚类 0 中 4 个样本地块为例，通过帕累托最优，可筛选出满足农业产量、光伏产量和初始投资三个目标的多个解决方案。表 5-22 展示了帕累托最优解所对应的农业产量、光伏产量和初始投资额，其中横轴代表农业产量，纵轴代表光伏产量，点的色彩由初始投资决定，颜色越深所需的初始投资额越高。

从表中可以看出，随着初始投资额的增加，屋顶农业产量与初始投资额成正比。同时，随着农业产量的增加，光伏产量呈现出明显的下降趋势，很好地反映了资源生产目标之间的冲突关系。而在立面上，随着初始投资的增加，农业产量和光伏产量趋于平衡，未出现向单一资源产量倾斜的情况。

表 5-22 建筑空间帕累托最优解分析

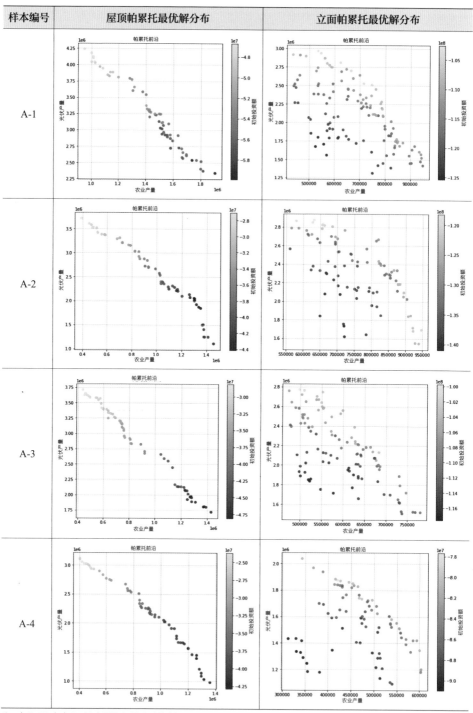

样本编号	屋顶帕累托最优解分布	立面帕累托最优解分布
A-1		
A-2		
A-3		
A-4		

注：表 5-21 和表 5-22 由课题组杨小迪绘制。

5.4 样本地块生态节地效益测算与综合决策结果

5.4.1 基于生态节地效益的 TOPSIS 综合决策

针对以上策略，本书研究从可持续性角度出发，分别从资源、经济和环境三个方面选取指标，对屋顶和立面的各方案对应的不同策略进行生态节地效益量化评估。在资源效益方面，选取"农业自给自足潜力"和"能源自给自足潜力"。在经济效益方面，选取"初始投资"和"投资回报率"两项指标。在环境效益方面，选取"全球变暖潜能值""耗水量""耗电量""食物里程减碳潜力""光伏发电减碳潜力"五项指标。

在确定各生产性策略的计算数值后，以样本 A-2 屋顶空间的 49 项帕累托最优解为例，计算其生态节地相关指标，结果如表 5-23 所示。

表 5-23 样本 A-2 生态节地相关指标计算结果

样本编号	初始投资	农业自给自足潜力	能源自给自足潜力	投资回报率	食物里程减碳潜力 / t（CO₂）	光伏发电减碳潜力 / t（CO₂）	初始投入 GWP	年均投入 GWP	耗水量	耗电量
1	-40 848 114.73	1.13	0.13	0.12	391.34	984.49	1 151 583.13	790 445.06	3 607 397.83	2 149 671.12
2	-41 251 309.92	1.11	0.14	0.11	390.99	1087.88	1 158 370.30	782 532.76	3 499 843.51	2 146 531.27
3	-42 287 359.07	1.11	0.12	0.11	389.73	938.34	1 181 491.38	784 300.43	3 812 374.98	2 204 319.43
4	-41 918 319.77	1.11	0.16	0.11	387.34	1247.27	1 167 621.01	777 857.50	3 307 130.56	2 153 947.93
5	-43 274 265.28	1.10	0.15	0.11	379.25	1176.26	1 195 753.49	775 071.48	3 533 122.17	2 211 923.84
6	-42 636 131.7	1.08	0.16	0.11	375.08	1227.28	1 186 794.01	758 953.72	3 468 036.46	2 159 072.28
7	-42 307 560.8	1.07	0.16	0.11	373.19	1253.56	1 182 181.07	750 654.78	3 434 524.24	2 131 859.36
8	-41 167 645.97	1.06	0.17	0.11	366.84	1276.81	1 161 429.82	746 181.29	3 331 408.33	2 076 810.64
9	-40 160 888.54	1.04	0.17	0.11	365.54	1320.24	1 144 937.12	733 177.45	3 239 331.55	2 013 742.04
10	-44 097 135	1.04	0.19	0.10	358.92	1440.80	1 215 619.18	731 466.39	3 336 536.92	2 163 042.95
11	-41 799 730.12	1.02	0.19	0.11	348.08	1443.58	1 176 335.44	717 712.26	3 219 312.38	2 049 285.52
12	-41 872 994.76	0.99	0.20	0.11	347.54	1568.72	1 180 135.81	695 965.93	3 108 129.93	2 011 637.29
13	-41 404 270.16	0.99	0.20	0.11	347.52	1572.79	1 171 624.52	694 613.95	3 072 725.68	1 990 141.80

样本编号	初始投资	农业自给自足潜力	能源自给自足潜力	投资回报率	食物里程减碳潜力／t（CO₂）	光伏发电减碳潜力／t（CO₂）	初始投入GWP	年均投入GWP	耗水量	耗电量
14	−41 926 932.07	0.99	0.22	0.11	347.28	1673.12	1 178 841.50	693 600.55	2 951 179.01	2 001 704.46
15	−42 210 644.86	0.99	0.22	0.11	339.34	1688.09	1 183 852.09	693 135.22	2 949 299.94	2 011 458.35
16	−42 352 995.16	0.97	0.22	0.11	339.31	1691.66	1 190 476.27	678 316.05	3 013 378.28	1 996 545.72
17	−42 391 296.55	0.97	0.23	0.11	328.22	1790.29	1 188 753.95	677 039.96	2 860 324.76	1 987 964.80
18	−41 454 152.98	0.93	0.24	0.11	320.67	1834.83	1 175 945.27	655 233.40	2 806 877.51	1 915 509.61
19	−42 742 199.37	0.91	0.25	0.10	314.10	1914.68	1 201 718.91	640 860.56	2 828 228.14	1 941 851.33
20	−41 891 369.97	0.89	0.25	0.10	299.89	1941.25	1 188 642.25	627 773.05	2 775 379.03	1 886 516.60
21	−41 531 913.98	0.85	0.27	0.10	297.82	2040.09	1 186 800.86	599 773.85	2 700 318.44	1 824 652.50
22	−40 939 750.27	0.85	0.27	0.10	291.64	2058.82	1 176 412.75	595 334.89	2 644 389.39	1 792 568.74
23	−40 289 458.14	0.83	0.27	0.10	274.46	2100.42	1 166 481.88	582 903.60	2 578 993.92	1 745 110.12
24	−39 445 264.53	0.78	0.29	0.10	271.24	2222.08	1 156 604.50	548 791.93	2 455 870.59	1 652 921.46
25	−39 190 601.15	0.77	0.29	0.10	264.21	2242.45	1 153 029.06	542 359.72	2 429 896.49	1 631 829.71
26	−38 465 863.91	0.75	0.30	0.10	260.35	2279.11	1 142 272.97	528 369.48	2 373 402.01	1 579 576.60
27	−37 959 713.86	0.74	0.30	0.11	258.97	2346.10	1 133 207.39	519 997.09	2 260 773.64	1 541 491.53
28	−39 939 194.52	0.74	0.31	0.10	253.43	2121.48	1 176 192.17	521 416.59	2 766 056.69	1 643 998.87
29	−35 686 369.38	0.72	0.31	0.10	244.20	2348.96	1 094 512.41	505 752.52	2 147 521.58	1 428 059.51
30	−38 111 870.77	0.70	0.31	0.10	243.23	2360.34	1 143 946.94	489 736.27	2 370 192.98	1 504 750.86
31	−35 319 810.25	0.69	0.32	0.10	242.26	2432.88	1 090 855.70	485 427.69	2 065 447.16	1 377 769.86
32	−37 787 882.57	0.69	0.31	0.10	238.55	2364.95	1 138 817.32	485 868.01	2 354 572.44	1 485 688.62
33	−35 838 628.31	0.68	0.32	0.11	236.29	2450.11	1 102 443.48	476 778.57	2 109 910.99	1 385 702.10
34	−34 192 274.57	0.67	0.32	0.11	232.44	2450.74	1 073 052.81	471 600.81	2 009 612.37	1 310 773.15
35	−37 013 824.57	0.66	0.32	0.10	227.94	2426.85	1 127 949.64	466 317.11	2 275 623.28	1 421 579.52
36	−37 482 997.05	0.65	0.32	0.10	224.09	2467.21	1 137 954.44	457 669.72	2 278 707.86	1 425 503.24
37	−36 934 894.83	0.64	0.33	0.10	203.93	2505.48	1 128 814.05	449 670.36	2 208 401.46	1 388 652.22
38	−33 236 432.11	0.58	0.33	0.11	203.92	2506.70	1 070 504.33	409 915.23	2 096 340.11	1 181 505.62
39	−33 393 135.85	0.58	0.33	0.11	202.28	2571.06	1 071 822.49	409 159.94	2 005 751.52	1 181 430.73
40	−34 243 859	0.58	0.33	0.10	195.41	2567.71	1 088 521.21	406 634.04	2 083 416.06	1 213 223.83
41	−30 987 305	0.56	0.34	0.11	189.46	2581.54	1 031 292.60	391 783.85	1 882 977.19	1 057 575.59

（续表）

样本编号	初始投资	农业自给自足潜力	能源自给自足潜力	投资回报率	食物里程减碳潜力 / t（CO_2）	光伏发电减碳潜力 / t（CO_2）	初始投入 GWP	年均投入 GWP	耗水量	耗电量
42	−32 168 868.88	0.54	0.34	0.11	188.39	2601.13	1 055 774.20	381 074.09	1 980 201.55	1 089 724.38
43	−31 575 664.9	0.54	0.34	0.11	185.84	2614.14	1 044 992.12	378 590.68	1 925 671.32	1 060 784.85
44	−31 137 837.3	0.53	0.34	0.11	178.82	2619.64	1 038 039.98	373 512.83	1 905 166.29	1 035 294.14
45	−31 778 896.34	0.51	0.35	0.11	158.83	2669.43	1 052 294.30	360 119.05	1 924 463.48	1 038 931.71
46	−29 890 488.55	0.45	0.35	0.11	158.62	2676.43	1 027 329.11	321 627.78	1 929 917.46	907 498.66
47	−30 528 040.93	0.45	0.36	0.11	147.08	2783.30	1 036 612.60	320 239.13	1 807 565.66	922 711.78
48	−28 086 213.64	0.42	0.36	0.11	144.48	2790.15	997 061.27	297 211.72	1 710 782.25	789 880.21
49	−29 485 315.47	0.41	0.37	0.11	128.26	2860.20	1 022 609.67	292 248.13	1 718 440.36	834 618.56

在对立面空间的生态节地效益进行计算时发现，由于年净收益均为负数，投资回报率小于等于 0。即以目前的价格，立面生产不具备经济可行性，但是有环境和资源效益，以图 5-7 所示的样本 A-1 的建筑立面生态节地相关指标计算结果为例，其中标黄部分为投资回报率和年净收益的计算结果。因此，在对立面空间进行综合决策时仅考虑环境和资源指标。

农业自给自足潜力	能源自给自足潜力	投资回报率	年用水成本	年用电成本	年净收益	食物里程减碳潜力/t(CO_2)	可再生能源减碳潜力/t(CO_2)	GWP	耗水量	耗电量
0.75	0.16	0.00	4360372.15	17210.49	-250050.33	239.18	1124.02	18780361.23	889871.87	35123.44
0.75	0.17	0.00	4175249.60	16466.81	-11167.93	238.99	1219.79	18240036.18	852091.75	33605.74
0.74	0.15	0.00	4540273.72	17923.77	-484524.81	237.11	1083.01	19432795.53	926586.47	36579.12
0.74	0.18	0.00	4138780.05	16320.27	9703.64	235.90	1269.70	18115148.24	844648.99	33306.67
0.73	0.17	0.00	4335094.59	17103.26	-235509.69	235.67	1192.90	18769921.03	884713.18	34904.62
0.73	0.18	0.00	3994827.34	15746.32	153521.16	234.73	1297.67	17623506.89	815270.88	32135.35
0.72	0.20	0.00	3996341.67	15743.60	142828.31	229.78	1405.11	17729033.13	815579.93	32129.80
0.71	0.17	0.00	4450700.04	17565.42	-476443.64	228.28	1162.71	19094335.73	908306.13	35847.80
0.71	0.17	0.00	4350787.13	17159.00	-340513.56	228.21	1225.41	18878798.11	887915.74	35018.37
0.71	0.20	0.00	3936427.45	15505.92	163230.79	226.15	1427.48	17486779.29	803352.54	31644.74
0.70	0.14	-0.01	4769750.56	18837.09	-931152.42	224.90	1016.15	20152546.69	973418.48	38443.05
0.70	0.16	-0.01	4768547.02	18823.93	-860114.02	224.68	1141.52	20272535.62	973172.86	38416.19
0.69	0.17	-0.01	4474704.50	17650.30	-559898.59	221.79	1222.40	19297072.57	913205.00	36021.02
0.69	0.25	0.00	4237434.66	16674.64	-21274.92	220.05	1781.40	18932265.23	864782.58	34029.88
0.68	0.20	-0.01	4675545.63	18434.99	-735829.19	217.04	1384.90	20183973.80	954192.99	37622.42
0.68	0.23	0.00	4397284.59	17315.28	-331829.99	216.70	1607.32	19399928.00	897405.02	35337.30
0.67	0.20	-0.01	4742172.18	18696.56	-808989.08	216.02	1399.64	20462740.02	967790.24	38156.25
0.67	0.21	-0.01	4847198.05	19113.96	-883090.60	215.27	1472.15	20831864.32	989224.09	39008.09
0.67	0.23	0.00	4352455.88	17129.90	-307795.58	214.48	1626.71	19334786.54	888256.30	34958.98
0.67	0.26	0.00	4274799.85	16816.91	-123301.05	214.23	1815.76	19122182.20	872408.13	34320.23
0.67	0.23	0.00	4484057.91	17659.02	-439665.19	213.74	1645.55	19706539.77	915113.86	36038.81
0.66	0.21	-0.01	5049606.36	19920.17	-1149930.71	211.52	1456.40	21501614.40	1030531.91	40653.41
0.66	0.24	0.00	4561915.97	17963.35	-541962.09	210.82	1676.94	20041585.40	931003.26	36659.90
0.66	0.21	-0.01	4789790.13	18878.49	-888909.03	210.73	1476.36	20708752.37	977508.19	38527.53
0.66	0.26	0.00	4118821.43	16191.44	-3561.79	210.46	1846.31	18627797.74	840575.80	33043.76
0.65	0.27	0.00	4129148.17	16236.69	-40987.20	207.00	1886.12	18579534.55	842683.30	33136.10
0.64	0.21	-0.01	4901378.82	19324.80	-1040492.58	206.75	1507.51	21038726.36	1000281.39	39438.37
0.64	0.24	0.00	4509027.05	17754.00	-533455.57	206.29	1713.10	19812608.65	920209.60	36232.65
0.64	0.24	0.00	4536171.65	17860.66	-565892.90	205.61	1721.25	19923206.26	925749.32	36450.32
0.64	0.27	0.00	4138021.16	16268.65	-94298.38	203.86	1888.14	18641061.89	844494.11	33201.33

图 5-7　样本 A-1 立面生态节地相关指标计算结果

（图片来源：课题组杨小迪绘制）

研究采用TOPSIS方法进行综合决策，选取了综合评分前十的方案进行对比分析。决策过程中，研究将生态节地效益三方面指标视为同等重要的决策因素，并在决策过程中赋予了相同的权重。在这个背景下，研究收集并标准化各个方案的相关指标数据，构建决策矩阵。最终，通过排名选择综合评分前十的方案，帮助我们找到在资源、环境和经济方面的最优解决方案。

5.4.2 样本地块的 TOPSIS 综合决策结果

1.屋顶空间优选方案

基于上述方法，对12个样本的屋顶空间的帕累托最优方案进行效益计算，采用TOPSIS综合考虑资源、环境和经济相关指标进行评分，选取了综合得分前十的方案进行后续的决策分析。各样本区域屋顶空间绿色生产综合得分前十的方案信息见表5-24。

表 5-24 屋顶空间绿色生产综合得分前十的方案

样本编号	屋顶农业与光伏产量	屋顶各策略面积占比
A-3		
A-4		
B-1		
B-2		

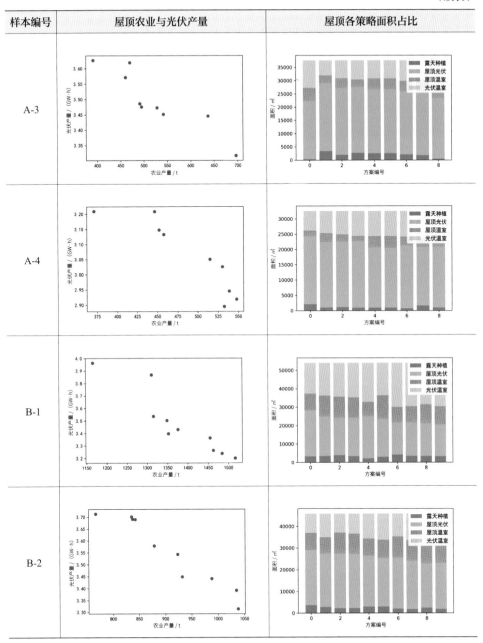

样本编号	屋顶农业与光伏产量	屋顶各策略面积占比
B-3		
B-4		
C-1		
C-2		

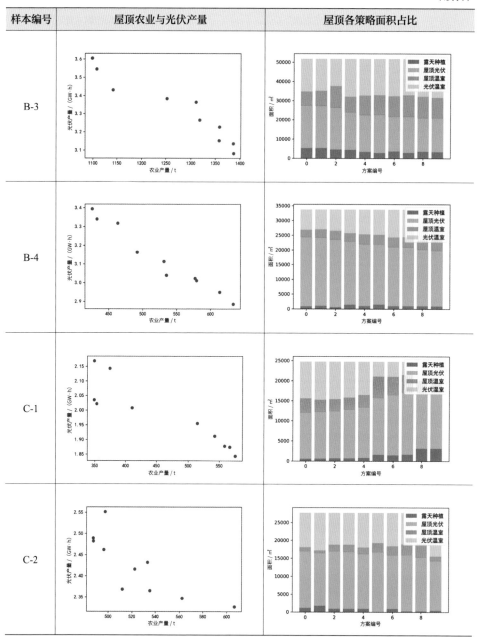

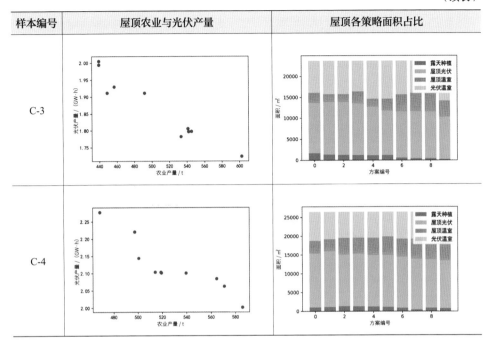

2. 立面空间优选方案

基于上述方法，对 12 个样本的立面空间的帕累托最优方案进行效益计算，采用 TOPSIS 综合考虑资源、环境和经济相关指标进行评分，选取了综合得分前十的方案进行后续的决策分析。各样本区域立面空间绿色生产综合得分前十的方案信息见表 5-25。

表 5-25　立面空间绿色生产综合得分前十的方案

样本编号	立面农业与光伏产量	立面各策略面积占比
A-1		

样本编号	立面农业与光伏产量	立面各策略面积占比

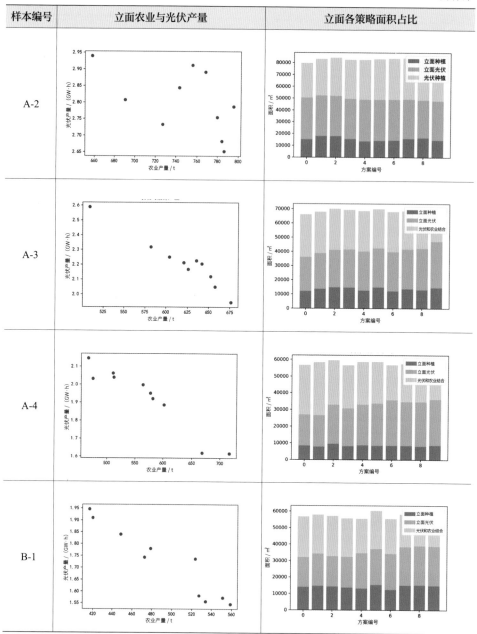

样本编号	立面农业与光伏产量	立面各策略面积占比
B-2		
B-3		
B-4		
C-1		

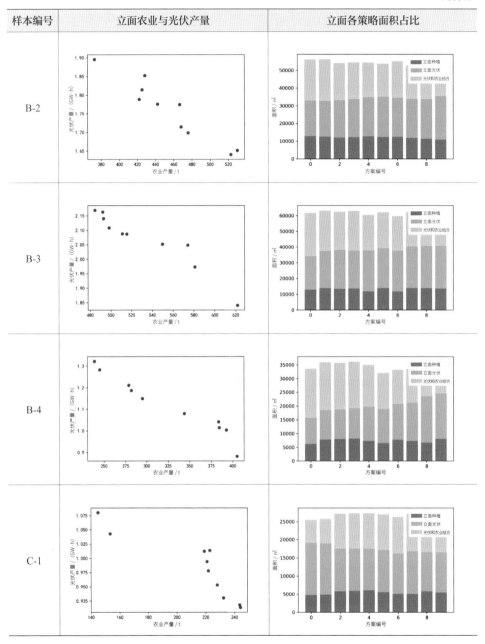

样本编号	立面农业与光伏产量	立面各策略面积占比
C-2		
C-3		
C-4		

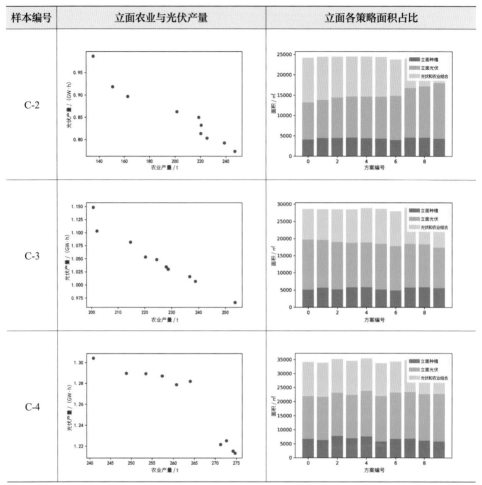

注：表 5-24 和表 5-25 由课题组杨小迪绘制。

5.5 不同导向下优选方案分析与城区效益推导

在综合决策过程中，研究充分考虑了资源、环境和经济三个方面的关键因素，本小节分别从以上三个维度对综合决策所得结果进行分析。

5.5.1 不同导向下优选方案分析

1. 资源效益导向下的样本地块决策结果分析

（1）能源生产最大化

本小节在各样本的十个优选方案中选出了能源产值最大的方案并进行汇总，结果如表5-26所示。在能源生产导向下，总体呈现出屋顶绿色生产潜力大于立面的特点。

① 光伏潜力

对于屋顶空间，聚类1的潜力最大，其次是聚类0，聚类2的潜力最小。对于立面空间，聚类0立面光伏产量明显高于其他两个聚类，年平均值约为2.73 GW·h。其次是聚类1，年平均值约为1.84 GW·h，与聚类0相比约下降了33%。聚类2的立面潜力值最低，年平均值为1.13 GW·h，不到聚类0的二分之一。总体而言，聚类0和聚类1具有较大的总光伏潜力，最高可达6.32 GW·h（A-3），聚类2的光伏潜力最小，最低值为3.12 GW·h（C-1）。

② 农业潜力

对于农业生产来说，屋顶空间具有更大的潜力。其中，聚类0的潜力最高，年平均值约为1021.11 t。其次是聚类1，年平均值为864.02 t，与聚类0相比约下降了15.4%。聚类2的潜力最小，年平均值为436.05 t。立面空间中，聚类0的农业产量明显高于其他聚类，年平均值约为509.69 t。其次是聚类1，年平均值约为378.27 t，与聚类0相比约下降了25.8%。聚类2的立面农业产量最低，年平均值约为180.40 t，不到聚类0的二分之一。

总体而言，聚类0和1具有较大的绿色生产潜力，其中光伏产量最高为6.32 GWh（A-3），农业产量最高可达2331.29 t（A-2）。聚类2的绿色生产潜力最小，光伏和农业生产最低值分别为3.12 GW·h（C-1）和493.83 t（C-1）。

表 5-26 能源生产导向下各样本地块屋顶和立面绿色生产潜力汇总

样本编号	屋顶		立面	
	农业产量 /t	光伏产量 / (GW·h)	农业产量 /t	光伏产量 / (GW·h)
A-1	1673.45	2.25	406.72	3.22
A-2	1673.45	2.25	657.84	2.94
A-3	366.50	3.73	508.53	2.59
A-4	371.03	3.21	465.68	2.15
B-1	1165.62	3.96	416.44	1.95
B-2	766.71	3.71	372.93	1.90
B-3	1099.06	3.61	484.69	2.17
B-4	424.69	3.39	239.00	1.32
C-1	348.88	2.04	144.95	1.08
C-2	487.10	2.49	135.10	0.99
C-3	439.51	2.01	200.64	1.15
C-4	468.71	2.28	240.89	1.30

（2）农业生产最大化

本小节在各样本的十个优选方案中选出了农业产量最大的方案并进行汇总，结果如表 5-27 所示。

① 光伏潜力

对于屋顶空间，聚类 1 的潜力最大，聚类 0 和聚类 2 的潜力相近。对于立面空间，聚类 0 立面光伏产量明显高于其他两个聚类，年平均值约为 2.28 GW·h。其次是聚类 1，年平均值为 1.48 GW·h，与聚类 0 相比约下降了 35.1%。聚类 2 的立面潜力值最低，年平均值约为 0.97 GW·h，约为聚类 0 的二分之一。总体而言，聚类 0 和聚类 1 具有相近且较大的总光伏潜力，最高可达 5.27 GW·h（A-3），聚类 2 的光伏潜力最小，最低值为 2.75 GW·h（C-1）。

② 农业潜力

对于农业生产，屋顶空间的生产潜力远大于立面空间。其中，聚类 0 的屋顶潜力最大，年平均值约为 1448.80 t，其次是聚类 1，年产量约为 1143.66 t，与聚类 0 相比约下降了 21.1%，聚类 2 的屋顶潜力最小，约为 593.56 t。立面空间中，聚类 0

的农业产量明显高于其他聚类，年平均值约为 703.84 t。其次是聚类 1，年平均值约为 528.80 t，聚类 2 的立面农业产量相对较低，约为 254.84 t，不到聚类 1 的二分之一。

总体而言，聚类 0 和 1 具有较大的绿色生产潜力，其中 A-1 具有最大的农业生产潜力，为 3091.32 t。聚类 2 的绿色生产潜力最小，光伏和农业生产最低值分别为 2.75 GW·h（C-1）和 819.59 t（C-1）。

表 5-27　农业生产导向下各样本地块屋顶和立面绿色生产潜力汇总

样本编号	屋顶		立面	
	农业产量 /t	光伏产量 /（GW·h）	农业产量 /t	光伏产量 /（GW·h）
A-1	2464.00	1.64	627.32	2.75
A-2	2286.16	1.83	795.47	2.79
A-3	696.04	3.32	676.22	1.95
A-4	349.01	3.23	716.33	1.62
B-1	1516.12	3.20	558.75	1.55
B-2	1037.97	3.31	529.75	1.65
B-3	1387.26	3.08	621.74	1.84
B-4	633.28	2.89	404.94	0.88
C-1	575.52	1.84	244.07	0.91
C-2	606.49	2.33	247.05	0.77
C-3	606.49	2.33	253.56	0.97
C-4	585.72	2.00	274.67	1.21

2. 环境效益导向下的样本地块决策结果分析

本小节在各样本的十个优选方案中选出了总减碳量最大且 GWP 值最小的方案并进行汇总，在本研究的策略设定下，总体呈现出光伏发电减碳潜力大于食物里程减碳潜力的特点，具体数值见表 5-28 和表 5-29。

对于屋顶空间，聚类 1 的环境效益最高，其次是聚类 0，聚类 2 的环境效益最低。其中，聚类 1 的减碳潜力平均值约为 3320.47 t，初始投入 GWP 的平均值约为 1 201 146.82，年均投入 GWP 的平均值约为 487 745.49；聚类 0 的减碳潜力平均值约为 2653.4275 t，初始投入 GWP 的平均值约为 882 684.65，年均投入 GWP 的平均值约为281 455.52；聚类2的减碳潜力平均值为2009.39 t，初始投入GWP的平均值约为709 597.50，年均投入GWP的平均值约为242 131.59，减碳潜力与聚类1相比约下降了39.48 %。

对于立面空间，聚类0的环境效益明显高于其他两个聚类，减碳潜力最大，平均值为2432.32 t，GWP投入平均值约为14 343 764.20。其次是聚类1，减碳潜力平均值约为1645.98 t，与聚类0相比约下降了32.33%，GWP投入平均值约为11 210 040.85。聚类2的环境效益最低，减碳潜力均值为971.60 t，不到聚类0的二分之一，GWP投入平均值约为5 634 697.39。

总体而言，立面的GWP投入远大于屋顶的GWP，然而屋顶的减碳潜力远大于立面。聚类0和聚类1具有较好的环境效益，地块范围内减碳潜力最大可达5467.85 t（A-3），虽然聚类2的环境效益相对较低，最低值为2755.57 t（C-1），但仍然具有价值。

表5-28　环境效益导向下各样本地块屋顶环境指标汇总

样本编号	方案排名	农业产量 /t	光伏产量 /（GW·h）	食物里程减碳潜力 / t（CO_2）	光伏发电减碳潜力 / t（CO_2）	初始投入 GWP	年均投入 GWP
A-1	7	1673.45	2.25	458.11	1893.16	831 116.01	330 618.33
A-2	10	1652.41	2.21	452.35	1859.50	831 574.21	329 878.23
A-3	1	391.14	3.63	100.97	3049.54	975 270.98	218 989.58
A-4	4	446.56	3.21	102.22	2697.86	892 777.40	246 335.95
B-1	1	1165.62	3.96	318.05	3332.43	1 524 742.34	644 127.49
B-2	1	837.20	3.69	230.13	3103.80	1 225 497.95	462 405.99
B-3	6	1099.06	3.61	302.72	3031.86	1 471 277.35	610 164.51
B-4	6	424.69	3.39	108.00	2854.87	906 665.15	234 283.95
C-1	1	348.94	2.17	96.12	1823.86	640 374.17	193 638.97
C-2	1	497.39	2.55	136.74	2145.96	785 166.81	273 144.93
C-3	1	439.51	1.99	121.09	1677.41	677 172.72	242 989.86
C-4	1	468.71	2.28	121.48	1914.90	735 676.31	258 752.59

表 5-29　环境效益导向下各样本地块立面环境指标汇总

样本编号	方案排名	农业产量 /t	光伏产量 / (GW·h)	食物里程减碳潜力 / t（CO₂）	光伏发电减碳潜力 / t（CO₂）	GWP
A-1	9	406.72	3.22	112.05	2710.21	14 532 147.52
A-2	1	755.72	2.91	208.20	2448.87	17 139 178.73
A-3	9	508.53	2.59	140.10	2177.24	14 561 246.38
A-4	7	465.68	2.15	128.29	1804.31	11 142 484.18
B-1	8	416.44	1.95	114.73	1636.61	12 997 978.14
B-2	8	372.93	1.90	102.74	1594.10	10 852 176.22
B-3	9	484.69	2.17	133.53	1824.35	13 506 385.03
B-4	10	239.00	1.32	65.84	1112.03	7 483 624.02
C-1	7	244.07	0.91	67.24	768.35	5 986 624.76
C-2	5	135.10	0.99	37.22	829.59	4 421 853.82
C-3	3	200.64	1.15	55.28	965.59	5 590 200.05
C-4	3	240.89	1.30	66.36	1096.77	6 540 110.92

3. 经济效益导向下的样本地块决策结果分析

除了样本 A-1 和 A-2 外，其余各样本的投资回报率都在 0.11 左右，因此本小节在各样本的十个优选方案中选出了年净收益最大的方案并进行汇总。且由于立面空间的绿色生产当前不具备经济可行性（详见 5.4.1 小节），因此，本小节只对屋顶空间的经济效益进行分析，具体数值见表 5-30。

对于屋顶空间，聚类 0 的经济效益最高，其次是聚类 1，聚类 2 的经济效益最低。聚类 0 的初始投资平均值约为 2758.24 万元，年净收益平均值约为 645.05 万元。其中，聚类 A-1 和聚类 A-2 兼具初始投资额低且年净收益高的特点，初始投资额为 2492.90 万元和 2430.84 万元，年净收益分别为 981.07 万元和 941.52 万元，投资回报率均为 0.39。聚类 1 的初始投资平均值约为 4448.20 万元，年净收益平均值约为 479.83 万元；聚类 2 的初始投资平均值约为 2630.12 万元，年净收益平均值约为 278.20 万元。聚类 1 和聚类 2 比聚类 0 的投资回报率约下降了 71.79 %。

表 5-30   经济效益导向下各样本地块屋顶经济指标汇总

样本编号	方案排名	农业产量 /t	光伏产量 / (GW·h)	初始投资 / 万元	年净收益 / 万元	投资回报率
A-1	10	2464.00	1.64	2492.90	981.07	0.39
A-2	1	2321.86	1.86	2430.84	941.52	0.39
A-3	10	696.04	3.32	3272.30	361.00	0.11
A-4	7	530.15	3.03	2836.90	296.6	0.10
B-1	10	1516.12	3.20	5540.80	586.97	0.11
B-2	9	1034.91	3.39	4202.55	461.91	0.11
B-3	5	1386.78	3.14	5087.13	549.08	0.11
B-4	10	633.28	2.89	2962.30	321.37	0.11
C-1	10	575.52	1.84	2387.71	253.44	0.11
C-2	10	606.49	2.33	2797.74	282.60	0.10
C-3	9	602.29	1.72	2372.71	255.40	0.11
C-4	10	585.72	2.00	2962.30	321.37	0.11

5.5.2   基于样本地块的城市效益推导结果分析

1. 中心城区资源效益推导结果分析

（1）中心城区绿色生产潜力推导

在本研究中，天津市中心城区被划分为 1277 个网格，剔除不含建筑的网格后，得到有效网格共 1242 个，其中包含聚类 0 网格 229 个，聚类 1 网格 515 个，聚类 2 网格 498 个。

根据样本区域光伏潜力计算结果推导可知：

能源生产导向下，天津市中心城区建筑表面的光伏年发电量最多可达 5773.59 GW·h，蔬菜年产量可达 129.74 万 t。聚类 0、1、2 网格的光伏年发电量分别为 1278.97 GW·h、2833.79 GW·h、1660.83 GW·h。聚类 0、1、2 网格的蔬菜年产量分别为 35.06 万 t、63.98 万 t、30.70 万 t。

农业生产导向下，天津市中心城区建筑表面的光伏年发电量最多可达 5006.01 GW·h，蔬菜年产量可达 177.68 万 t。聚类 0、1、2 网格的光伏年发电量分别为 1098.19 GW·h、2369.00 GW·h、1538.82 GW·h。聚类 0、1、2 网格的蔬菜产量分别为 49.30 万 t、86.13 万 t、42.25 万 t。

（2）中心城区建筑表面绿色生产潜力分布

根据中心城区绿色生产潜力推导结果可知：

以能源生产最大化为目标，天津市中心城区光伏年发电量最多可达5773.58 GW·h，其中，建筑屋顶和立面的光伏年发电量分别为3641.79 GW·h、2131.79 GW·h。蔬菜年产量总量最多可达129.74万t，建筑屋顶和立面的蔬菜产量分别为89.60万t和40.14万t。

以农业生产最大化为目标，天津市中心城区光伏年发电量最多可达5003.02 GW·h，其中，建筑屋顶和立面的光伏年发电量分别为3238.70 GW·h、1764.32 GW·h。蔬菜年产量总量最多可达177.67万t，建筑屋顶和立面的蔬菜产量分别为121.63万t和56.04万t。

（3）中心城区资源自给自足分析

根据第七次全国人口普查数据，2020年天津市中心城区人口达到405万人。根据《中国统计年鉴2021》统计数据，天津市统一供电，居民人均消费量相差较大，本书研究参照年鉴中城镇居民人均年电力消费标准831.3 kW·h。天津市2020年蔬菜及食用菌人均消费量为119.6 kg，其中鲜菜人均消费量为115.8 kg。计算得到天津市中心城区居民的年生活电力消耗量约为3366.77 GW·h，年鲜菜消费量约为46.98万t。

在保证能源生产最大化时，天津市中心城区的建筑表面光伏发电量可以满足每年天津市总人口电力消耗的171%，蔬菜消耗的276%。

在保证农业生产最大化时，天津市中心城区的建筑表面光伏发电量可以满足每年天津市总人口电力消耗的149%，蔬菜消耗的378%。

这些数值为根据街区面积和光伏安装、蔬菜生长的理想情况进行的估算，未来在实际应用中，考虑到功能布置、城市形象等各方面因素，实际绿色生产潜力会低于这些数值，但依旧具有很高的利用与设计的价值。

2. 中心城区环境效益推导结果分析

本小节计算了各样本的十个优选方案中食物里程减碳潜力和光伏发电减碳潜力的平均值并进行汇总，结果如表5-31所示。

环境效益导向下，天津市中心城区建筑表面在进行绿色生产策略应用后，总减碳量约为489.65万t，其中食物里程减碳量约为42.15万t，可再生能源减碳量约为

447.50 万 t。在本书设定的模拟环境下，光伏生产环境效益比农业生产高，这是因为光伏生产具有更低的运营消耗，同时具有更大的减碳潜力。

表 5-31　样本区域食物与能源减碳效益汇总

样本编号	屋顶		立面	
	食物里程减碳潜力 /万 t（CO_2）	光伏发电减碳潜力 /万 t（CO_2）	食物里程减碳潜力 /万 t（CO_2）	光伏发电减碳潜力 /万 t（CO_2）
A-1	588.93	1640.21	147.36	2461.12
A-2	580.92	1667.56	206.32	2355.23
A-3	122.35	2959.36	170.94	1857.82
A-4	128.33	2572.46	156.22	1620.63
B-1	371.91	2922.78	135.85	1447.38
B-2	242.24	2986.09	125.47	1480.84
B-3	346.41	2791.91	146.59	1738.52
B-4	139.78	2624.02	89.52	939.71
C-1	122.74	1678.05	58.71	827.26
C-2	140.21	2042.27	55.67	717.21
C-3	135.43	1569.59	61.93	881.96
C-4	142.03	1778.88	72.13	1060.16

3. 中心城区经济效益推导结果分析

由于立面生产当前不具备经济可行性（详见 5.3.1 小节），因此，本小节只对城市屋顶空间的经济效益进行推导，结果如表 5-32 所示。

天津市中心城区建筑表面在进行绿色生产策略应用后，年总净收益约为 49.09 亿元，除样本 A-1 和 A-2 外，投资回报率均在 0.11 左右。

表5-32　样本区域经济效益汇总

样本编号	屋顶	
	年净收益／万元	投资回报率
A-1	879.59	0.36
A-2	869.24	0.35
A-3	292.61	0.12
A-4	287.60	0.11
B-1	566.68	0.11
B-2	438.59	0.11
B-3	529.47	0.11
B-4	300.50	0.11
C-1	225.47	0.11
C-2	263.78	0.11
C-3	231.56	0.11
C-4	253.66	0.11

参考文献

1 绿色生产与生态节地基础理论

[1] 国家统计局. 中国统计年鉴2023[EB/OL]. (2023-12-26) [2024-02-17]. https://www.stats.gov.cn/sj/ndsj/2023/indexch.htm.

[2] 英国石油公司. BP世界能源展望2021年版[EB/OL]. (2021-01-01) [2022-10-12]. https://www.bp.com/content/dam/bp/country-sites/zh_cn/china/home/reports/bp-energy-outlook/2021/energy-outlook-2021-edition-cn.pdf.

[3] 英国石油公司. Energy Outlook 2023[EB/OL]. (2023-01-30) [2024-02-17]. https://www.bp.com/content/dam/bp/business-sites/en/global/corporate/pdfs/energy-economics/energy-outlook/bp-energy-outlook-2023.pdf.

[4] 李铁民. 解密2021全球能源危机：历史上的三次石油危机能带来哪些启示（上）. [EB/OL]. (2021-10-13) [2022-09-03]. https://finance.sina.com.cn/roll/2021-10-13/doc-iktzqtyu1138734.shtml.

[5] 龙惟定，潘毅群，张改景，等. 碳中和城区的建筑综合能源规划[J]. 建筑节能（中英文），2021, 49(8): 25-36.

[6] BLASCHKE T, BIBERACHER M, GADOCHA S, et al. Virtual power plants: spatial energy models in times of climate change[C]. Digital earth summit on geoinformatics 2008. Heidelberg: Wichmann-Verlag, 2008: 61-66.

[7] SETO K C, RAMANKUTTY N. Hidden linkages between urbanization and food systems[J]. Science, 2016, 352(6288): 943-945.

[8] BREN D'AMOUR C, REITSMA F, BAIOCCHI G, et al. Future urban land expansion and implications for global croplands[J]. PNAS, 2017, 114(34): 8939-8944.

[9] PODMIRSEG D. Up! Contribution of vertical farms to increase the overall energy efficiency of cities[D]. Austria: Graz University of Technology, 2015.

[10] VAN D F, DE GROOT C, VERWEST F, et al. Krimp en Ruimte: bevolkingsafname, ruimtelijke gevolgen en beleid[EB/OL]. (2006) [2022-05-01]. https://library.wur.nl/WebQuery/titel/1826985.

[11] 联合国粮食及农业组织（FAO），国际农业发展基金（IFAD），联合国儿童基金会（UNICEF），世界卫生组织（WHO）和联合国世界粮食计划署（WFP）. 2023年世界粮食安全和营养状况：贯穿城乡连续体的城市化、农业粮食体系转型和健康膳食[M/OL]. (2023-01-30) [2024-02-17]. 罗马，粮农组织. https://www.fao.org/3/cc6550zh/cc6550zh.pdf.

[12] 世界银行. 数据 耕地（人均公顷数）[DB/OL]. https://data.worldbank.org.cn/indicator/AG.LND.ARBL.HA.PC.

[13] National Footprint and Biocapacity Accounts 2023 Edition[EB/OL]. [2024-02-17]. https://www.footprintnetwork.org/licenses/public-data-package-free.

[14] Global Footprint Network. Country Overshoot Days 2024 [EB/OL]. [2024-02-17]. https://overshoot.footprintnetwork.org/newsroom/country-overshoot-days.

[15] IPCC. Climate Change and Land: an IPCC Special Report on climate change, desertification, land degradation, sustainable land management, food security, and greenhouse gas fluxes in terrestrial ecosystems[R/OL]. (2020-01) [2022-05-01]. www.ipcc.ch/srccl.

[16] WILLETT W, ROCKSTRÖM J, LOKEN B, et al. Food in the Anthropocene: the EAT-Lancet Commission on healthy diets from sustainable food systems[J]. Lancet, 2019, 393(10170): 447-492.

[17] POORE J, NEMECEK T. Reducing food's environmental impacts through producers and consumers[J]. Science, 2018, 360: 987-992.

[18] SMITH P, BUSTAMANTE M, AHAMMAD H, et al. Agriculture, forestry and other land use (AFOLU) [R/OL]//Climate change 2014: Mitigation of climate change. Contribution of working group III to the fifth assessment report of the intergovernmental panel on climate change. Cambridge University Press, Cambridge, UK and New York, NY, USA. (2014) [2022-05-01]. https://archive.ipcc.ch/pdf/assessment-report/ar5/wg3/ipcc_wg3_ar5_chapter11.pdf.

[19] FORSTER T. Food, agriculture and cities: challenges of food and nutrition security, agriculture and ecosystem management in an urbanizing world[R]. Rome: FAO, 2011.

[20] VERMEULEN S J, CAMPBELL B M, INGRAM J S I. Climate change and food systems[J]. Annual Review of Environment and Resources, 2012, 37: 195-222.

[21] PIROG R, VAN P T, ENSHAYAN K, et al. Food, fuel, and freeways: an Iowa perspective on how far food travels, fuel usage, and greenhouse gas emissions[J]. British Medical Journal, 2001, 4(5577): 485–486.

[22] 陈文辉，谢高地，张昌顺，等．北京市消耗食物生态足迹距离[J]．生态学报，2016，36(4)：904-914．

[23] 黄经南，李丹哲，许琴．我国大城市的食物里程及对规划的启示——以武汉市为例[J]．国际城市规划，2014(5)：101-106．

[24] 杨元传．生产性城市绿色生产与生态节地设计及其空间模型研究[D]．天津：天津大学，2022．

[25] 新华社．中共中央 国务院关于完整准确全面贯彻新发展理念做好碳达峰碳中和工作的意见[DB/OL]．(2021-10-24) [2024-09-09] https://www.gov.cn/gongbao/content/2021/content_5649728.htm.

[26] 中华人民共和国住房和城乡建设部．2021年城乡建设统计公报[EB/OL]．统计公报 (2022). [2023-02-15]. https://www.mohurd.gov.cn/gongkai/fdzdgknr/sjfb/tjxx/tjgb/index.html.

[27] JURASZ J K, DĄBEK P B, CAMPANA P E. Can a city reach energy self-sufficiency by means of rooftop photovoltaics? Case study from Poland[J]. Journal of Cleaner Production, 2020, 245: 118813.

[28] Apple中国．环境进展报告[EB/OL]．(2021-03-04) [2022-09-03]．https://www.apple.com.cn/environment/pdf/Apple_Environmental_Progress_Report_2021.pdf.

[29] 王光辉，唐新明，张涛，等．全国建筑物遥感监测与分布式光伏建设潜力分析[J]．中国工程科学，2021，23(6): 92-100．

[30] HUME I V, SUMMERS D M, CAVAGNARO T R. Self-sufficiency through urban agriculture: nice idea or plausible reality?[J]. Sustainable Cities and Society, 2021, 68.

[31] 李伯钧，刘小丽，杨佩贞，等．屋顶农业利用与城市新菜篮子工程探讨[J]．浙江农业科学，2012 (5)：643-648．

[32] C40 Cities Climate Leadership Group, McKinsey Center for Business and Environment. Focused acceleration: a strategic approach to climate action in cities to 2030[J]. London: McKinsey Center for Business and Environment, 2017, 11.

[33] 张玉坤，丁潇颖，郑婕．基于社会资本理论的社区农园功能与策略研究[J]．风景园林，2020，27(1): 97-103．

[34] 赵曼．城市既有建筑屋顶农业潜力评估方法研究[D]．天津：天津大学，2018．

[35] 钱静．西欧份地花园与美国住区花园的体系比较[J]．现代城市研究，2011，26(1): 86-92．

[36] The New York City Council. Zone green text amendment (N 120132 ZRY) [S]. (2012-04-30) [2017-11-25]. https://www.nyc.gov/assets/planning/download/pdf/plans/zone-green/zone_green.pdf.

[37] 丁潇颖. 中国社区农园研究[D]. 天津：天津大学，2020.

[38] HOU J, GROHMANN D. Integrating community gardens into urban parks: lessons in planning, design and partnership from Seattle[J]. Urban Forestry & Urban Greening, 2018, 33: 46-55.

[39] Sustainable Food Cities. Good Policy for Good Food [R/OL]. (2018-09) [2020-03-01]. http://sustainablefoodcities.org/Portals/4/Documents/Good%20Policy%20for%20Good%20Food%20FINAL.pdf.

[40] 香港特别行政区政府规划署. 香港的康乐及社区农耕规划[R/OL]. [2024-06-05]. https://www.pland.gov.hk/pland_en/p_study/comp_s/hk2030plus/TC/document/Planning%20for%20Recreational%20and%20Community%20Farming%20in%20Hong%20Kong_Chi.pdf.

[41] IRENA. Renewable power generation costs in 2022[M]. Abu Dhabi: International Renewable Energy Agency, 2023.

[42] KOC M, MACRAE R, WELSH J, et al. For hunger-proof cities: sustainable urban food systems[M]. Ottawa, CA: IDRC Books, 2000.

[43] 方志权，吴方卫. 城市化进程与都市农业发展[M]. 上海：上海财经大学出版，2008.

[44] GOLDSTEIN B, HAUSCHILD M, FERNÁNDEZ J, et al. Urban versus conventional agriculture, taxonomy of resource profiles: a review[J]. Agronomy for Sustainable Development, 2016, 36(1): 9.

[45] 任婷婷，周忠学. 农业结构转型对生态系统服务与人类福祉的影响——以西安都市圈两种农业类型为例[J]. 生态学报，2019，39(7): 2353-2365.

[46] 中国营养学会. 中国居民膳食指南科学研究报告（2021）[R/OL]. (2021-02-24) [2022-05-01]. http://dg.cnsoc.org/article/04/t8jgjBCmQnW8uscC_OLLfA.html.

[47] NADAI A, HORST D V D. Introduction: landscapes of energies[J]. Landscape Research, 2010, 35(2): 143-155.

[48] STREMKE S, DOBBELSTEEN A V D. Sustainable energy landscape: designing, planning, and development[M]. Boca Raton: CRC Press, 2013.

[49] 汪劲. 论生态补偿的概念——以《生态补偿条例》草案的立法解释为背景[J]. 中国地质大学学报（社会科学版），2014，14(1): 1-8，139.

[50] XIE G D, CAO S Y, LU C X, et al. Current status and future trends for eco-compensation in China[J]. Journal of Resources and Ecology, 2015, 6(6): 355-362.

[51] 吴承照, 陶聪. 城市生态足迹的地域格局——以义乌市为例[J]. 城市规划学刊, 2010(6): 46-54.

[52] 张玉坤, 宫盛男, 张睿. 基于生产性景观的城市节地生态补偿策略研究[J]. 中国园林, 2019, 35(2): 81-86.

[53] NADAL A, PONS O, CUERVA E, et al. Rooftop greenhouses in educational centers: a sustainability assessment of urban agriculture in compact cities[J]. Science of the Total Environment, 2018, 626: 1319-1331.

[54] RAZZAGHMANESH M, BEECHAM S, SALEMI T. The role of green roofs in mitigating Urban Heat Island effects in the metropolitan area of Adelaide, South Australia[J]. Urban Forestry & Urban Greening, 2016, 15: 89-102.

[55] MARGOLIS R, GAGNON P, MELIUS J, et al. Using GIS-based methods and lidar data to estimate rooftop solar technical potential in US cities[J]. Environmental Research Letters, 2017, 12(7): 074013.

[56] PENG J, LU L. Investigation on the development potential of rooftop PV system in Hong Kong and its environmental benefits[J]. Renewable and Sustainable Energy Reviews, 2013(27): 149-162.

[57] BYRNE J, TAMINIAU J, KURDGELASHVILI L, et al. A review of the solar city concept and methods to assess rooftop solar electric potential, with an illustrative application to the city of Seoul[J]. Renewable and Sustainable Energy Reviews, 2015(41): 830-844.

[58] HOFIERKA J, KAŇUK J. Assessment of photovoltaic potential in urban areas using open-source solar radiation tools[J]. Renewable Energy, 2009, 34(10): 2206-2214.

[59] GARCÍA J O, GAGO E J, BAYO J A, et al. Analysis of the photovoltaic solar energy capacity of residential rooftops in Andalusia (Spain) [J]. Renewable and Sustainable Energy Reviews, 2010, 14(7): 2122-2130.

[60] ROOT L, PEREZ R. Photovoltaic covered parking lots: a survey of deployable space in the Hudson River Valley, New York City, and Long Island, New York[R]. Albany: Atmospheric Sciences Research Center, 2006.

[61] WILSON G. The next profit frontier for green roof companies is food from the roof[EB/OL]. [2005-11-12] (2020-01-08). http://www.greenroof.com/archives/gf_nov-dec05.htm#November/December05.

[62]   PETERS C, BILLS N L, WILKINS J, et al. Vegetable consumption, dietary guidelines and agricultural production in New York State - implications for local food economies[R]. Charles H. Dyson School of Applied Economics and Management, Cornell University, 2002, 7.

[63]   DESJARDINS E, MACRAE R, SCHUMILAS T. Linking future population food requirements for health with local production in Waterloo, Canada[J]. Agriculture and Human Values, 2010, 27(2), 129-140.

[64]   MOUGEOT L J A. Agropolis: the social, political and environmental dimensions of urban agriculture[M]. London: Routledge, 2005.

[65]   PIEZER K, PETIT-BOIX A, SANJUAN-DELMÁS D, et al. Ecological network analysis of growing tomatoes in an urban rooftop greenhouse[J]. Science of The Total Environment, 2019, 651: 1495-1504.

[66]   HUANG A, CHANG F J. Prospects for rooftop farming system dynamics: an action to stimulate water-energy-food nexus synergies toward green cities of tomorrow[J]. Sustainability, 2021, 13(16): 9042.

[67]   JING R, LIU J H, ZHANG H R, et al. Unlock the hidden potential of urban rooftop agrivoltaics energy-food-nexus[J]. Energy, 2022, 256: 124626.

[68]   INTERNATIONAL ENERGY AGENCY. Photovoltaic power systems programme annual report 2003[R]. International Energy Agency Photovoltaic Power Systems Programme, 2023.

[69]   MOHAREB E, HELLER M, NOVAK P, et al. Considerations for reducing food system energy demand while scaling up urban agriculture[J]. Environmental Research Letters, 2017, 12(12): 125004.

[70]   NOGEIRE-MCRAE T, RYAN E P, JABLONSKI B, et al. The role of urban agriculture in a secure, healthy, and sustainable food system[J]. Bioscience, 2018, 68(10): 748-759.

[71]   AZUNRE G A, AMPONSAH O, PEPRAH C, et al. A review of the role of urban agriculture in the sustainable city discourse[J]. Cities, 2019, 93: 104-119.

[72]   MOLINA F A P, ERCILLA-MONTSERRAT M, ARCAS-PILZ V, et al. Comparison of organic substrates in urban rooftop agriculture, towards improving crop production resilience to temporary drought in Mediterranean cities[J]. Journal of the Science of Food and Agriculture, 2021, 101(14): 5888-5897.

[73]　WEIDNER T, YANG A, HAMM M W. Consolidating the current knowledge on urban agriculture in productive urban food systems: learnings, gaps and outlook[J]. Journal of Cleaner Production, 2019, 209: 1637-1655.

[74]　ELKAMEL M, RABELO L, SARMIENTO A T. Agent-based simulation and micro supply chain of the food-energy-water nexus for collaborating urban farms and the incorporation of a community microgrid based on renewable energy[J]. Energies, 2023, 16(6): 2614.

[75]　HUME I V, SUMMERS D M, CAVAGNARO T R. Lawn with a side salad: rainwater harvesting for self-sufficiency through urban agriculture[J]. Sustainable Cities and Society, 2022, 87: 104249.

[76]　MILLER-ROBBIE L, RAMASWAMI A, AMERASINGHE P. Wastewater treatment and reuse in urban agriculture: exploring the food, energy, water, and health nexus in Hyderabad, India[J]. Environmental Research Letters, 2017, 12(7): 075005.

[77]　SANJUAN-DELMAS D, LLORACH-MASSANA P, NADAL A, et al. Environmental assessment of an integrated rooftop greenhouse for food production in cities[J]. Journal of Cleaner Production, 2018, 177: 326-337.

[78]　ABIDIN M A Z, MAHYUDDIN M N, ZAINURI M A A M. Solar photovoltaic architecture and agronomic management in agrivoltaic system: a review[J]. Sustainability, 2021. 13(14): 7846.

[79]　PARADA F, GABARRELL X, RUFÍ-SALÍS M, et al. Optimizing irrigation in urban agriculture for tomato crops in rooftop greenhouses[J]. Science of the Total Environment, 2021, 794: 148689.

[80]　SANYÉ-MENGUAL E, SPECHT K, GRAPSA E, et al. How can innovation in urban agriculture contribute to sustainability? A characterization and evaluation study from five western european cities[J]. Sustainability, 2019. 11(15): 4221.

[81]　INTERNATIONAL ENERGY AGENCY. Trends in photovoltaic applications 2023[R]. International Energy Agency Photovoltaic Power Systems Programme, 2023.

[82]　国家能源局. 我国户用光伏装机突破1亿千瓦覆盖农户超过500万[EB/OL]. (2023-11-14) [2024-01-06]. http://www.nea.gov.cn/2023-11/14/c_1310750360.htm.

[83]　剌美香, 周力, 刘宗志, 等. 户用分布式光伏对农户收入的影响——以中部地区Y县为例 [J]. 农业现代化研究, 2022, 43(3): 493-503.

[84]　STEENKAMP J, CILLIERS E J, CILLIERS S S, et al. Food for thought: addressing urban food security risks through urban agriculture[J]. Sustainability, 2021, 13(3): 1267.

[85] EBISSA G, YESHITELA K, DESTA H, et al. Urban agriculture and environmental sustainability[J]. Environment, Development and Sustainability, 2023(26): 14583-14599.

[86] 刘娟娟. 我国社区农园发展机遇与挑战[J]. 风景园林，2013(3)：147-148.

[87] 李亚先. 基于协同共享理念的社区公共空间再生与社区营造研究[D]. 北京: 中央美术学院，2019.

[88] WESTPHAL L M. Social aspects of urban forestry: urban greening and social benefits: a study of empowerment outcomes[J]. Journal of Arboriculture, 2003, 29(3): 137-147.

2 绿色生产案例与设计探索

[1]   UACDC. Fayetteville 2030: Food city scenario[EB/OL]. [2022-05-01]. https://s3.amazonaws.com/
        uacdc/Fayetteville_2030-Food-City-Scenario-Plan.pdf.

[2]   BETZ G, BERLINER ENERGIEAGENTUR GMBH. Klimaschutz und kostensenkung durch
        energiedienstleistungen[R]. Berlin: Berliner Energieagentur, 2015(11).

[3]   Solar systems 2023[EB/OL]. [2024-02-25]. https://www.berlin.de/umweltatlas/en/energy/solar-
        systems/continually-updated/introduction.

[4]   Masterplan solarcity[EB/OL]. [2024-02-22]. https://www.berlin.de/sen/energie/erneuerbare-
        energien/masterplan-solarcity/#eva.

[5]   Der berliner energieatlas solare potenziale in der Stadt identifizieren[EB/OL]. [2024-02-20].https://
        www.solarwende-berlin.de/grundlagenwissen-solarenergie/energieatlas-berlin.

[6]   Energieatlas Berlin（柏林能源地图集）[DB/OL]. [2024-02-20]. https://energieatlas.berlin.de/#.

[7]   Berlin environmental atlas-solar systems 2023[R/OL]. (2023) [2024-02-20]. https://www.berlin.de/
        umweltatlas/en/energy/solar-systems/continually-updated/download.

[8]   Voller Energie zur solaren Stadt: Infobroschüre zum Masterplan Solarcity Berlin//Masterplan
        Solarcity Berlin[R/OL]. (2021-04) [2024-02-20]. https://www.solarwende-berlin.de/fileadmin/
        user_upload/Solarwende/Grafiken_Contentseiten/0_Material_extern_fuer_upload/Infobroschu__
        re_Solarcity_RZ_deutsch_digital.pdf.

[9]   ACKERMAN K. The potential for urban agriculture in New York City[R/OL]. (2012) [2022-05-01].
        http://urbandesignlab.columbia.edu/projects/food-and-the-urban-environment/the-potential-for-
        urban-agriculture-in-new-york-city/.

[10]   TAMINIAU, J, BYRNE J. City-scale urban sustainability: spatiotemporal mapping of distributed
        solar power for New York City[J]. Wiley Interdisciplinary Reviews: Energy and Environment
        2020.9(5): e374.

[11]   NYC. PlaNYC: a greener, greater New York[EB/OL]. (2011-04) [2022-05-01]. http://www.nyc.
        gov/html/planyc/downloads/pdf/publications/planyc_2011_planyc_full_report.pdf.

[12]   NYC's sustainable roof laws[R/OL]. (2019-12) [2024-02-25]. https://www.urbangreencouncil.org/
        wp-content/uploads/2022/11/2019.12.12-Sustainable-Roof-Laws-Brief.pdf.

[13]   Public Solar NYC shows how local governments lead the way on public options[EB/OL]. (2023-11-19)//Economic Security Project President Natalie Foster & NYC Comptroller Brad Lander. https://economicsecurityproject.org/news/public-solar-nyc/.

[14]   GERINGER-SAMETH E. "Public Solar NYC" rooftop renewable energy plan in development[EB/OL]. (2022-04-28) [2024-02-20]. https://www.gothamgazette.com/city/11254-lander-adams-nyc-public-solar-rooftop-energy.

[15]   NYC Mayor's Office of Climate & Environmental Justice. PlaNYC：实现可持续发展[R/OL]. (2023-04) [2024-02-20]. https://climate.cityofnewyork.us/wp-content/uploads/2023/06/PlaNYC_2023_SCH.pdf.

[16]   DEJTIAR F. Vicente Guallart赢"中国后疫情城市竞赛"，自给自足型城市[EB/OL]. (2020-08-14) [2020-11-20]. https://www.archdaily.cn/cn/945718/vicente-guallartying-zhong-guo-hou-yi-qing-cheng-shi-jing-sai-zi-gei-zi-zu-xing-cheng-shi?ad_name=article_cn_redirect=popup.

[17]   ROJAS A, Vicente Guallart construirá las primeras viviendas post-covid: "las viviendas km0"[EB/OL]. (2020-08-05) [2020-11-20]. https://www.metalocus.es/es/noticias/vicente-guallart-construira-las-primeras-viviendas-post-covid-las-viviendas-km0#.

[18]   Bjarke Ingels Group. Ellinikon Park Rise [EB/OL]. [2024-02-26]. https://big.dk/projects/ellinikon-park-rise-16186.

[19]   TOTARO R. Ellinikon, the "smart district" in Athens, to feature projects by BIG, Kuma, Foster and many more[EB/OL]. (2023-10-24) [2024-02-20]. https://www.domusweb.it/en/sustainable-cities/gallery/2023/10/24/ellinikon-the-smart-district-in-athens-to-feature-projects-by-big-kuma-foster.html.

[20]   PEACOCK A. BIG reveals stepped housing overlooking Aegean Sea[EB/OL].(2023-11-29)[2024-02-20]. https://www.dezeen.com/2023/11/29/big-park-rise-ellinikon-housing-development-athens-greece/.

[21]   "Oceanix City"漂浮城市/BIG[EB/OL]. (2019-04-10) [2020-10-20]. https://www.gooood.cn/big-and-partners-unveil-oceanix-city-at-the-united-nations.htm.

[22]   GIBSON E. BIG unveils Oceanix City concept for floating villages that can withstand hurricanes[EB/OL]. (2019-04-04) [2022-10-20]. https://www.dezeen.com/2019/04/04/oceanix-city-floating-big-mit-united-nations/.

[23] The Edible Academy[EB/OL]. [2024-01-27]. https://www.nybg.org/learn/childrens-education/edible-academy.

[24] NYG DCAS Citywide Administrative Services. 100MW by 2025 Solar PV Installs[R/OL]. (2022-02) [2024-01-27]. https://www.nyc.gov/assets/dcas/downloads/pdf/energy/NYC_Municipal_Solar_Installations.pdf.

[25] The New York Botanical Garden Edible Academy[EB/OL]. [2024-01-27]. https://ewhowell.com/portfolio/edible.

[26] 孙璐璐. 基于食物–能源–水关联的社区生产性微更新设计研究——以天津市南开区学府街道社区为例[D]. 天津：天津大学，2022.

[27] El Terreno社区花园&教育中心/VERTEBRAL[EB/OL]. (2021-08-17) [2022-04-03]. https://www.gooood.cn/el-terreno-by-vertebral.htm.

[28] VAC-Library/Farming Architects[EB/OL]. https://mooool.com/en/vac-library-by-farming-architects.html.

[29] Vac 图书馆. 利用蔬菜水产发电的零碳图书馆/Farming Architects[EB/OL]. (2019-01-03)[2022-10-20]. https://www.archdaily.cn/cn/909075/vac-tu-shu-guan-li-yong-shu-cai-shui-chan-fa-dian-de-ling-tan-tu-shu-guan-farming-architects?ad_name=article_cn_redirect=popup.

[30] Thammasat University Urban Rooftop Farm (TURF) [EB/OL]. (2021-02-16) [2024-02-27]. https://www.greenroofs.com/projects/thammasat-university-urban-rooftop-farm-turf.

[31] Damian Holmes. Thammasat University – the largest urban rooftop farm in Asia[EB/OL]. (2020-01-13) [2024-02-27]. https://worldlandscapearchitect.com/thammasat-university-the-largest-urban-rooftop-farm-in-asia/?v=1c2903397d88.

[32] LANDPROCESS. 泰国国立法政大学屋顶农场[EB/OL]. [2024-02-27]. https://mooool.com/thammasat-urban-rooftop-farm-by-landprocess.html.

[33] 高宁，吴宁，胡迅. 基于农业城市主义理论的屋顶农场建设研究——以浙江理工大学"能量花园"为例[J]. 建筑与文化，2017(10)：70-71.

[34] 马宁. 食物–能源–水关联视角下社区屋顶生产性规划研究[D]. 天津：天津大学，2023.

[35] TABLADA A, KOSORIĆ V, HUANG H J, et al. Architectural quality of the productive facades integrating photovoltaic and vertical farming systems: Survey among experts in Singapore[J]. Frontiers of Architectural Research, 2020, 9(2): 301-318.

[36] TABLADA A, KOSORIĆ V, HUANG H J, et al. Design optimization of productive façades: integrating photovoltaic and farming systems at the tropical technologies laboratory[J]. Sustainability, 2018, 10(10): 3762.

[37] 杨元传, 张玉坤, 郑婕, 等. 未来生产性城市社区食物系统空间规划[C]//共享与品质——2018中国城市规划年会论文集（05城市规划新技术应用）, 2018: 1-13.

[38] 张玉坤, 杨元传, 丁潇颖, 等. 立体城市的建筑与交通一体化系统[P]. 天津市: CN201710017990.3, 2018-07-03.

[39] 汪丽君, 刘亚东. 产业化视角下天津既有住宅改造的适宜模式研究[J]. 建筑学报, 2010(S1): 44-46.

[40] 刘长安. 城市"有农社区"研究[D]. 天津: 天津大学, 2014.

[41] 张玉坤, 丁潇颖, 杨元传, 等. 生产性理念下的社区绿色更新模式探讨[J]. 建筑节能, 2018, 46(8): 22-28, 36.

[42] 李娟, 天津第一块食物森林, 创造城市人的精神家园[EB/OL]. (2023-11-29) [2023-11-29]. https://mp.weixin.qq.com/s/IQVrnFeIegiX4yoil32MOg.

[43] 绿屏自然. 双新食物森林土壤检测报告篇[EB/OL]. (2023-02-21) [2023-02-21]. https://mp.weixin.qq.com/s/F2owZSBzG9AY6ViwyZz2bQ.

[44] 绿屏自然. 不负春光, 收获美好[EB/OL]. (2023-08-14) [2024-02-29]. https://mp.weixin.qq.com/s/PeUFmVaHjZQsqMWPmoexww.

[45] 张玉坤, 黄斯, 杨元传. 可移动分布式集装箱的农业与光伏一体化系统[P]. 天津市: CN202011014241.3, 2024-07-23.

[46] 李哲, 张勇, 李严. 一种生产性有机建筑表皮[P]. 天津市: CN201911030001.X, 2021-04-06.

3 空间适宜性评价与潜力分析方法

[1] TAMINIAU J, BYRNE J, KIM J, et al. Inferential-and measurement-based methods to estimate rooftop "solar city" potential in megacity Seoul, the Rublic of Korea[J]. Wiley Interdisciplinary Reviews: Energy and Environment, 2022.11(5): e438.

[2] 王静宇. 浅谈无人机倾斜摄影测量技术及其应用[J]. 工程建设与设计, 2017(14): 200-201.

[3] LOVICH J E, ENNEN J R. Wildlife conservation and solar energy development in the desert southwest, United States[J]. BioScience, 2011, 61(12): 982-992.

[4] ARMSTRONG A, WALDRON S, WHITAKER J, et al. Wind farm and solar park effects on plant-soil carbon cycling: uncertain impacts of changes in ground-level microclimate[J]. Global Change Biology, 2013, 20(6): 1699-1706.

[5] 杨慧琴. 无人机航测技术在基层测绘工作中的应用分析[J]. 北京测绘, 2015(6): 138-140.

[6] 张文. 基于建筑信息采集技术的既有建筑光伏一体化研究——以天津地区为例[D]. 天津: 天津大学, 2014.

[7] WESSEL W W, TIETEMA A, BEIER C, et al. A qualitative ecosystem assessment for different shrublands in Western Europe under impact of climate change[J]. Ecosystems, 2004, 7(6): 662-671.

[8] 闫宇, 李哲, 张玉坤, 等. 低空摄影测量测绘成果辅助方案设计研究——以张家口沽源县支锅石村冰雪旅游设计为例[J]. 中国建筑教育, 2020(1): 12-17.

[9] OCHMANN S, VOCK R, WESSEL R, et al. Automatic reconstruction of parametric building models from indoor point clouds[J]. Computers & Graphics, 2016, 54: 94-103.

[10] RONNEBERGER O, FISCHER P, BROX T. U-Net: convolutional networks for biomedical image segmentation[J]. arXiv, 2015, 11: 234-241.

[11] JI S P, WEI S Q, LU M. Fully convolutional networks for multisource building extraction from an open aerial and satellite imagery data set[J]. IEEE Transactions on Geoscience and Remote Sensing, 2019, 57(1): 574-586.

[12] IGLOVIKOV V, SHVETS A. TernausNet: U-Net with VGG11 encoder pre-trained on imagenet for image segmentation[J]. arXiv, 2018.

[13] 黄娟, 陆建. 城市步行交通系统规划研究[J]. 现代城市研究, 2007, 22(2): 48-53.

[14]   BALMER K, GILL J, KAPLINGER H, et al. The diggable city: making urban agriculture a planning priority[R]. Master of Urban and Regional Planning Workshop Projects, 2005: 52.

[15]   吕墨辰. 城市临时性闲置土地的生产性景观设计研究[D]. 西安: 西安建筑科技大学, 2017.

[16]   MENDES W, BALMER K, KAETHLER T, et al. Using land inventories to plan for urban agriculture: experiences from portland and vancouver[J]. Journal of the American Planning Association, 2008, 74(4): 435-449.

[17]   MCCLINTOCK N, COOPER J, KHANDESHI S. Assessing the potential contribution of vacant land to urban vegetable production and consumption in Oakland, California[J]. Landscape and Urban Planning, 2013, 111: 46-58.

[18]   ERICKSON L, GRIGGS K, MARIA M, et al. Urban agriculture in Seattle: policy & barriers[R]. City of Seattle DPD, 2009.

[19]   梁涛, 蔡春霞, 刘民, 等. 城市土地的生态适宜性评价方法——以江西萍乡市为例[J]. 地理研究, 2007, 26(4): 782-788.

[20]   RODRIGUEZ O. London rooftop agriculture: a preliminary estimate of London's productive potential[D]. Cardiff: Cardiff University, 2009.

[21]   OHRI-VACHASPATI P, MASI B, TAGGART M, et al. City fresh: a local collaboration for food equity[J]. Journal of Extension, 2009, 47(6): 1-11.

[22]   WILKINSON S J, REED R G. Green roof retrofit potential in the central business district[J]. Property Management, 2009, 27(5): 284-301.

[23]   DMOCHOWSKI J E, COOPER W P. Using multispectral analysis in GIS to model the potential for urban agriculture in philadelphia[C]//AGU Fall Meeting Abstracts. 2010: B33C-0421. https://ui.adsabs.harvard.edu/abs/2010AGUFM.B33C0421D/abstract.

[24]   SMITH J P, LI X X, TURNER II B L. Lots for greening: identification of metropolitan vacant land and its potential use for cooling and agriculture in Phoenix, AZ, USA[J]. Applied Geography, 2017, 85: 139-151.

[25]   KREMER P, DELIBERTY T L. Local food practices and growing potential: mapping the case of Philadelphia[J]. Applied Geography, 2011, 31(4): 1252-1261.

[26]   邵天然, 李超骕, 曾辉. 城市屋顶绿化资源潜力评估及绿化策略分析——以深圳市福田中心区为例[J]. 生态学报, 2012, 32(15): 4852-4860.

[27]   CHIN D, INFAHSAENG T, JAKUS I, et al. Urban farming in Boston: a survey ofopportunities[EB/OL]. Tufts University Department of Urban and Environmental Policy and Planning. (2013-05) [2012-08-04]. https://as.tufts.edu/uep/.

[28]   BERGER D J. A GIS suitability analysis of the potential for rooftop agriculture in New York City[D]. NewYork: Columbia University, 2013.

[29]   MCDONOUGH D, MORRIS ARCHITECTS, et al. City of Houston feasibility study: rooftop food production[R/OL]. HARC, city of Houston, Texas. (2013-11-15) [2021-11-25]. https://www.harcresearch.org/sites/default/files/Project_Documents/FINAL%20REPORT_Houston%20Rooftop%20Food_WM%2BP.pdf.

[30]   REESE N M. An assessment of the potential for urban rooftop agriculture in west Oakland, California[D]. San Francisco: University of San Francisco, 2014.

[31]   BERG E, ELWOOD A, MACCHIAROLO M. Food in the city: an old way in a new time[EB/OL]. (2014-04) [2021-06-03]. The Conway School, https://csld.edu/project/food-in-the-city-an-old-way-in-a-new-time.

[32]   SANYÉ-MENGUAL E. Sustainability assessment of urban rooftop farming using an interdisciplinary approach[D]. Barcelona: Autonomous University of Barcelona, 2015.

[33]   STOUDT A E. Redefining urban food systems to identify optimal rooftop community garden locations: a site suitability analysis in Seattle, Washington[D]. Los Angeles: University of Southern California, 2015.

[34]   王新军, 席国安, 陈聃, 等. 屋顶绿化适建性评估指标体系的构建[J]. 北方园艺, 2016(2): 85-88.

[35]   SAHA M, ECKELMAN M J. Growing fresh fruits and vegetables in an urban landscape: a geospatial assessment of ground level and rooftop urban agriculture potential in Boston, USA[J]. Landscape and Urban Planning, 2017, 165: 130-141.

[36]   NADAL A, ALAMÚS R, PIPIA L, et al. Urban planning and agriculture. Methodology for assessing rooftop greenhouse potential of non-residential areas using airborne sensors[J]. Science of the Total Environment, 2017, 601-602: 493-507.

[37]   ALTMANN S, ALCÀNTARA M, SUHL J, et al. Potential of urban rooftop farming in Berlin[R]. Berlin: Humboldt University, 2018.

[38] NADAL A, PONS O, CUERVA E, et al. Rooftop greenhouses in educational centers: a sustainability assessment of urban agriculture in compact cities[J]. Science of the Total Environment, 2018, 626: 1319-1331.

[39] 周慕华, 徐浩. 我国市民农园发展的国际经验借鉴[J]. 上海交通大学学报（农业科学版）, 2018, 36(3): 80-85, 96.

[40] 李良涛, 王文惠, WELLER L, 等. 美国市民农园的发展、功能及建设模式初探[J]. 中国农学通报, 2011, 27(33): 306-313.

[41] BRETT J, MAIN D. Farming the city: urban agriculture potential in the denver metro area[J/OL]. [2021-01-10]. http://www.ucdenver.edu/academics/colleges/Engineering/research/CenterSustainableUrbanInfrastructure/CSISSustainabilityThemes/Food%20Systems/Pages/Farming-the-City.aspxr.

[42] 邓根云, 冯雪华. 我国光温资源与气候生产潜力[J]. 自然资源, 1980(4): 11-16.

[43] 竺可桢. 论我国气候的几个特点及其与粮食作物生产的关系[J]. 地理学报, 1964(1): 1-13.

[44] 陈明荣, 龙斯玉. 中国气候生产潜力区划的探讨[J]. 自然资源, 1984(3): 72-79.

[45] 于沪宁, 赵丰收. 光热资源和农作物的光热生产潜力——以河北省栾城县为例[J]. 气象学报, 1982(3): 327-334.

[46] 杨重一, 庞士力, 孙彦坤. 作物生产潜力研究现状与趋势[J]. 东北农业大学学报, 2008, 39(7): 140-144.

[47] 侯光良, 刘允芬. 我国气候生产潜力及其分区[J]. 自然资源, 1985(3): 52-59.

[48] 中华人民共和国住房和城乡建设部. 城市用地分类与规划建设用地标准: GB 50137—2011[S]. 北京: 中国建筑工业出版社, 2010.

[49] 中华人民共和国住房和城乡建设部. 供配电系统设计规范: GB 50052—2009[S]. 北京: 中国计划出版社, 2010.

[50] 戴瑜兴, 黄铁兵, 梁志超. 民用建筑电气设计手册[M]. 北京: 中国建筑工业出版社, 2000.

[51] 张华. 城市建筑屋顶光伏利用潜力评估研究[D]. 天津: 天津大学, 2017.

[52] 任彬彬. 寒冷地区多层办公建筑低能耗设计原型研究[D]. 天津: 天津大学, 2014.

[53] 中华人民共和国住房和城乡建设部. 中小学校设计规范: GB 50099—2011[S]. 北京: 光明日报出版社, 2011.

[54] 中华人民共和国国家卫生和计划生育委员会. 综合医院建筑设计规范: GB 51039—2014[S]. 北京: 中国计划出版社, 2014.

[55] 中华人民共和国住房和城乡建设部. 严寒和寒冷地区居住建筑节能设计标准：JGJ 26—2018[S]. 北京：中国建筑工业出版社，2018.

[56] 中国建筑科学研究院. 公共建筑节能设计标准：GB 50189—2015[S]. 北京：中国建筑工业出版社，2015.

[57] 中国电力企业联合会. 光伏发电站设计规范：GB 50797—2012[S]. 北京：中国计划出版社，2012.

[58] 中华人民共和国住房和城乡建设部. 建筑光伏系统应用技术标准：GB/T 51368—2019[S]. 北京：中国建筑工业出版社，2010.

[59] 中华人民共和国住房和城乡建设部. 城市电力规划规范：GB/T 50293—2014[S]. 北京：中国建筑工业出版社，2014.

[60] 中国建筑标准设计研究院. 全国民用建筑工程设计技术措施：2009版. 电气[M]. 北京：中国计划出版社，2009.

[61] 叶晓东. 宁波市单位建设用地用电负荷指标研究[C]//城市时代，协同规划——2013中国城市规划年会论文集，2013.

[62] 中国航空规划设计研究总院有限公司. 工业与民用供配电技术手册[M]. 4版. 北京：中国电力出版社，2016.

[63] 刘德，朱毅华，张秋芳. 城市电力规划中负荷指标、需用系数、同期系数取值的探讨[J]. 建筑工程技术与设计，2014(10)：16.

[64] 电力工业部电力规划设计总院. 电力系统设计手册[M]. 北京：中国电力出版社，1998.

[65] 陈思源，张玉坤，郑婕. 城市光伏潜力优化——以呼和浩特市为例[J]. 建筑节能（中英文），2021，49(5)：74-81.

4 生态节地效益测算与决策方法

[1]   REES W E. Revisiting carrying capacity: area-based indicators of sustainability[J]. Population & Environment, 1995, 17(3): 195-215.

[2]   ODUM H, ODUM E C, BLISSETT M. Ecology and economy: "emergy" analysis and public policy in Texas[J]. Policy Research Project Report, 1987, 78(1): 178.

[3]   周涛，王云鹏，龚健周，等. 生态足迹的模型修正与方法改进[J]. 生态学报，2015，35(14): 4592-4603.

[4]   李翔，许兆义，孟伟. 城市生态承载力研究[J]. 中国安全科学学报，2005，15(2): 3-7.

[5]   NAKAJIMA E S, ORTEGA E. Carrying capacity using emergy and a new calculation of the ecological footprint[J]. Ecological Indicators: Integrating, Monitoring, Assessment and Management, 2016, 60: 1200-1207.

[6]   鲜明睿，侍昊，徐雁南，等. 基于景观格局的常州市生态承载力动态分析[J]. 南京林业大学学报（自然科学版），2013，37(1): 25-30.

[7]   顾康康，储金龙，汪勇政. 基于遥感的煤炭型矿业城市土地利用与生态承载力时空变化分析[J]. 生态学报，2014，34(20): 5714-5720.

[8]   覃盟琳，吴承照. 生态版图——城市生态承载力研究的新视角[J]. 城市规划学刊，2011(2): 43-48.

[9]   楚芳芳，蒋涤非. 基于能值改进生态足迹的长株潭城市群可持续发展研究[J]. 长江流域资源与环境，2012，21(2): 145-150.

[10]   潘竟虎，冯娅娅. 甘肃省潜在生态承载力估算[J]. 生态学杂志，2017，36(3): 800-808.

[11]   朱洁，王烜，李春晖，等. 系统动力学方法在水资源系统中的研究进展述评[J]. 水资源与水工程学报，2015，26(2): 32-39.

[12]   ZHANG Z, LU W X, ZHAO Y, et al. Development tendency analysis and evaluation of the water ecological carrying capacity in the Siping area of Jilin province in China based on system dynamics and analytic hierarchy process[J]. Ecological Modelling, 2014, 275(3): 9-21.

[13]   WANG C H, HOU Y L, XUE Y J. Water resources carrying capacity of wetlands in Beijing: analysis of policy optimization for urban wetland water resources management[J]. Journal of Cleaner Production, 2017, 161(9): 1180-1191.

[14] 郁亚娟, 郭怀成, 刘永, 等. 城市生态系统的动力学演化模型研究进展[J]. 生态学报, 2007(6): 2603-2614.

[15] 顾康康, 刘景双, 王洋. 辽中地区矿业城市生态承载力分析与预测[J]. 地理科学进展, 2009, 28(6): 870-876.

[16] 方伟. 城市经济发展与生态承载力的关系研究——以北京市为例[J]. 资源与产业, 2016, 18(6): 81-86.

[17] WEI J, ZENG W H, WU B. Dynamic analysis of the virtual ecological footprint for sustainable development of the Boao special planning area[J]. Sustainability Science, 2013, 8(4): 595-605.

[18] SLEESER M. Enhancement of carrying capacity option ECCO[M]. London: The Resource Use Institute, 1990: 86-99.

[19] GRAYMORE M L M, SIPE N G, RICKSON R E. Sustaining human carrying capacity: a tool for regional sustainability assessment[J]. Ecological Economics, 2010, 69(3): 459-468.

[20] 刘文政, 朱瑾. 资源环境承载力研究进展: 基于地理学综合研究的视角[J]. 中国人口·资源与环境, 2017, 27(6): 75-86.

[21] 朱士鹏, 张志英. 贵阳市生态承载力评价及其障碍因素诊断[J]. 安徽大学学报（自然科学版）, 2017, 41(4): 100-108.

[22] 金悦, 陆兆华, 檀菲菲, 等. 典型资源型城市生态承载力评价——以唐山市为例[J]. 生态学报, 2015, 35(14): 4852-4859.

[23] IRANKHAHI M, JOZI S A, FARSHCHI P, et al. Combination of GISFM and TOPSIS to evaluation of urban environment carrying capacity (case study: Shemiran city, Iran)[J]. International Journal of Environmental Science and Technology, 2017, 14(6): 1317-1332.

[24] 张晨, 赵言文, 于莉, 等. 烟台市牟平区生态承载力研究[J]. 水土保持通报, 2012, 32(4): 271-275.

[25] 叶菁, 谢巧巧, 谭宁焱. 基于生态承载力的国土空间开发布局方法研究[J]. 农业工程学报, 2017, 33(11): 262-271.

[26] 来雪慧, 黄鑫, 李朝, 等. 2012年山西省各地级市生态承载力分析研究[J]. 环境科学与管理, 2015, 40(9): 157-160.

[27] 孟爱云, 濮励杰. 城市生态系统承载能力初步研究——以江苏省吴江市为例[J]. 自然资源学报, 2006, 21(5): 768-774.

[28] 徐琳瑜，杨志峰，李巍. 城市生态系统承载力理论与评价方法[J]. 生态学报，2005，25(4): 771-777.

[29] 毛汉英，余丹林. 区域承载力定量研究方法探讨[J]. 地球科学进展，2001，16(4): 549-555.

[30] 熊建新，陈端吕，谢雪梅. 基于状态空间法的洞庭湖区生态承载力综合评价研究[J]. 经济地理，2012，32(11): 138-142.

[31] 王鹏，况福民，邓育武，等. 基于主成分分析的衡阳市土地生态安全评价[J]. 经济地理，2015，35(1): 168-172.

[32] 宋帆，杨晓华. 基于改进突变级数法的长江下游水资源承载力评价[J]. 南水北调与水利科技，2018，16(3): 24-32, 58.

[33] 郦建强，陆桂华，杨晓华，等. 区域水资源承载能力综合评价的GPPIM[J]. 河海大学学报（自然科学版），2004，32(1): 1-4.

[34] 许联芳，杨勋林，王克林，等. 生态承载力研究进展[J]. 生态环境，2006，15(5): 1111-1116.

[35] 高鹭，张宏业. 生态承载力的国内外研究进展[J]. 中国人口·资源与环境，2007，17(2): 19-26.

[36] 赵曼. 城市既有建筑屋顶农业潜力评估方法研究[D]. 天津：天津大学，2018.

[37] 宫盛男，张玉坤，张睿，等. 基于打破"空间互斥性"假设的既有城市生态足迹分析研究[J]. 城市发展研究，2018，25(1): 7-14.

[38] 魏晓明. 光伏温室技术的发展现状与未来方向[J]. 农业工程技术（温室园艺），2015(11): 24-28.

[39] 中国农业年鉴编辑委员会. 2017中国农业年鉴[M]. 北京：中国农业出版社，2018.

[40] 杨元传，张玉坤，郑婕，等. 基于城市绿色生产性面积的生态补偿机制研究[J]. 资源与生态学报（英文版），2022，13(3): 382-393.

[41] 张玉坤，陈贞妍. 基于都市农业概念下的城郊住区规划模式探讨——以荷兰阿尔梅勒农业发展项目（Agromere）为例[J]. 天津大学学报（社会科学版），2012，14(5): 412-416.

[42] 阮前途，谢伟，许寅，等. 韧性电网的概念与关键特征[J]. 中国电机工程学报，2020，40(21): 6773-6783.

[43] CUÉLLAR A D, WEBBER M E. Wasted food, wasted energy: the embedded energy in food waste in the United States[J]. Environmental Science & Technology, 2010, 44(16): 6464-6469.

[44]　全国道路运输标准化技术委员会.载货汽车运行燃料消耗量：GB/T 4352—2022[S]. 北京：中国标准出版社，2022.

[45]　HU Y, ZHENG J, KONG X, et al. Carbon footprint andeconomic efficiency of urban agriculture in Beijing – acomparative case study of conventional and home-deliveryagriculture[J]. Journal of Cleaner Production, 2019, 234: 615-625.

[46]　前瞻产业研究院. 2022年中国光伏行业全景图谱[EB/OL]. (2022-06) [2023-1-10]. https://solar.ofweek.com/2022-06/ART-260018-8420-30563072.html.

[47]　MINO E, PUEYO-ROS J, ŠKERJANEC M, et al. Tools for edible cities: a review of tools for planning and assessing edible nature-based solutions[J]. Water and Circular Cities, 2021, 13(17): 2366.

[48]　CORCELLI F, FIORENTINO G, PETIT-BOIX A, et al. Transforming rooftops into productive urban spaces in the Mediterranean. An LCA comparison of agri-urban production and photovoltaic energy generation[J]. Resources, Conservation and Recycling, 2019, 144: 321-336.

[49]　TOBOSO-CHAVERO S, NADAL A, PETIT BOIX A, et al. Towards productive cities: environmental assessment of the food-energy – water nexus of the urban roof mosaic[J]. Journal of Industrial Ecology, 2019, 23(4): 767-780.

[50]　马宁. 食物–能源–水关联视角下社区屋顶生产性规划研究[D]. 天津：天津大学，2023.

[51]　JING R, LIU J H, ZHANG H R, et al. Unlock the hidden potential of urban rooftop agrivoltaics energy-food-nexus[J]. Energy (Oxf), 2022, 256: 124626.

[52]　LEDESMA G, NIKOLIC J, PONS-VALLADARES O. Bottom-up model for the sustainability assessment of rooftop-farming technologies potential in schools in Quito, Ecuador[J]. Journal of Cleaner Production, 2020, 274: 122993.

[53]　GHANDAR A, THEODOROPOULOS G, ZHONG M, et al. An agent-based modelling framework for urban agriculture[C]. IEEE, 2019.

[54]　MONDINO E B, FABRIZIO E, CHIABRANDO R. Site selection of large ground-mounted photovoltaic plants: a GIS decision support system and an application to Italy[J]. International Journal of Green Energy, 2015, 12(5): 515-525.

[55]　GHADAMI N, GHEIBI M, KIAN Z, et al. Implementation of solar energy in smart cities using an integration of artificial neural network, photovoltaic system and classical Delphi methods[J]. Sustainable Cities and Society, 2021, 74: 103149.

[56] SPYRIDONIDOU S, LOUKOGEORGAKI E, VAGIONA D G, et al. Towards a sustainable spatial planning approach for PV site selection in Portugal[J]. Energies, 2022: 15(22): 8515.

[57] TERCAN E, SARACOGLU B O, BILGILIOĞLU S S, et al. Geographic information system-based investment system for photovoltaic power plants location analysis in Turkey[J]. Environmental Monitoring and Assessment, 2020, 192(5): 1-26.

[58] SIM M, SUH D, OTTO M. Multi-objective particle swarm optimization-based decision support model for integrating renewable energy systems in a Korean campus building[J]. Sustainability, 2021, 13(15): 8660.

[59] SÁNCHEZ-LOZANO J M, JIMÉNEZ-PÉREZ J A, GARCÍA-CASCALES M S, et al. Obtaining the decision criteria and evaluation of optimal sites for renewable energy facilities through a decision support system[C]//MADANI K, DOURADO A, ROSA A. Computational Intelligence. 2013.

[60] AGHBASHLO M, TABATABAEI M, RAHNAMA E, et al. A new systematic decision support framework based on solar extended exergy accounting performance to prioritize photovoltaic sites[J]. Journal of Cleaner Production, 2020, 256: 120356.

[61] 杨鸿玮. 基于性能表现的既有建筑绿色化改造设计方法与预测模型——以寒冷地区为例 [D]. 天津: 天津大学, 2016.

[62] 徐智宇. 基于B/S架构的工具管理系统设计与实现[D]. 北京: 北京交通大学, 2021.

[63] 胡新源. 基于B/S架构的守时运行培训系统设计与实现[D]. 北京: 中国科学院大学 (中国科学院国家授时中心), 2021.

5 绿色生产与生态节地的实证性模拟

[1]   IZQUIERDO S, RODRIGUES M, FUEYO N. A method for estimating the geographical distribution of the available roof surface area for large-scale photovoltaic energy-potential evaluations[J]. Solar Energy, 2008, 82(10): 929-939.

[2]   XU S, LI Z X, ZHANG C, et al. A method of calculating urban-scale solar potential by evaluating and quantifying the relationship between urban block typology and occlusion coefficient: a case study of Wuhan in Central China[J]. Sustainable Cities and Society, 2021(64): 102451.

[3]   《天津年鉴》编辑部. 天津年鉴2021[J]. 天津: 天津市档案馆, 2021.

[4]   CHATZIPOULKA C, COMPAGNON R, KAEMPF J, et al. Sky view factor as predictor of solar availability on building façades[J]. Solar Energy, 2018(170): 1026-1038.

[5]   POON K H, KÄMPF J H, TAY S E R, et al. Parametric study of urban morphology on building solar energy potential in Singapore context[J]. Urban Climate, 2020(33): 100624.

[6]   TIAN J, XU S. A morphology-based evaluation on block-scale solar potential for residential area in central China[J]. Solar Energy, 2021, 221(2): 332-347.

[7]   LI D, LIU G, LIAO S M. Solar potential in urban residential buildings[J]. Solar Energy, 2015(111): 225-235.

[8]   NATANIAN J, AUER T. Balancing urban density, energy performance and environmental quality in the Mediterranean: a typological evaluation based on photovoltaic potential[J]. Energy Procedia, 2018(152): 1103-1108.

[9]   王强, 洪艺然. 光伏建筑一体化屋面系统研究与实践[J]. 水电与新能源, 2020, 34 (1): 4-6.

[10]   AMORUSO F M, SCHUETZE T. Carbon life cycle assessment and costing of building integrated photovoltaic systems for deep low-carbon renovation[J]. Sustainability, 2023, 15(12), 9460.

[11]   BENIS K, TURAN I, REINHART C, et al. Putting rooftops to use – a Cost-Benefit Analysis of food production vs. energy generation under Mediterranean climates[J]. Cities, 2018, 78: 166-179.

[12] BENIS K, REINHART C, FERRÃO P. Development of a simulation-based decision support workflow for the implementation of Building-Integrated Agriculture (BIA) in urban contexts[J]. Journal of Cleaner Production, 2017, 147: 589-602.

[13] CHENANI S B, LEHVÄVIRTA S, HÄKKINEN T. Life cycle assessment of layers of green roofs[J]. Journal of Cleaner Production, 2015, 90: 153-162.

[14] 蒋雨芬, 胡竞恺, 袁诗婷, 等. 一种基于节能减排的多功能垂直绿化装置设计研究[J]. 绿色科技, 2021, 23（19）: 4-8.

[15] 张志伟. 高层住宅墙体绿化应用研究[D]. 北京: 北京建筑大学, 2018.

[16] PERINI K, MAGRASSI F, GIACHETTA A, et al. Environmental sustainability of building retrofit through vertical greening systems: a life-cycle approach[J]. Sustainability, 2021, 13(9): 4886.